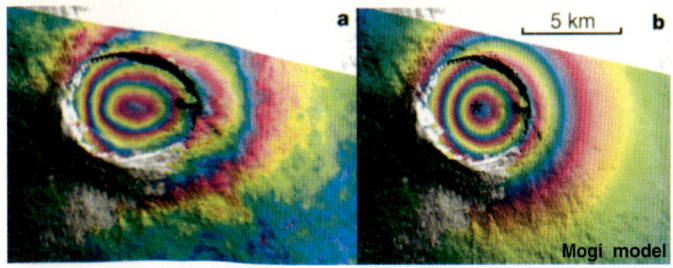

口絵2 ガラパゴス島のダーウィン火山における1992〜1998年の地殻変動．aは干渉合成開口レーダーの観測による上下変動で，火口中央で0.2mに達する隆起が同心円状の縞模様として得られたもの．bは地下のマグマ溜りの膨張を想定した茂木モデルから得られた計算結果で，両者がよく一致していることがわかる．(Paul Segall et al., Nature, 407, p.995, 2000)（第1章）

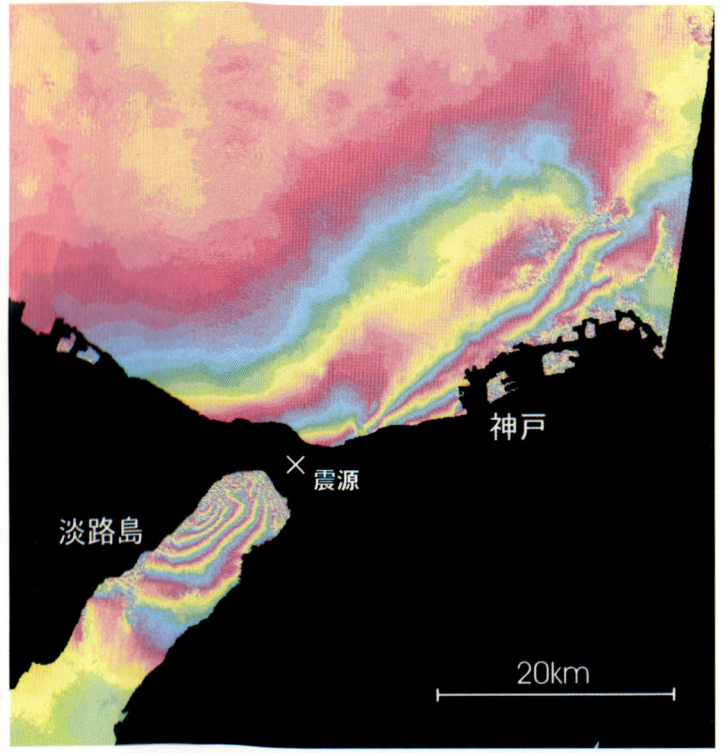

口絵3 1995年兵庫県南部地震による地殻変動を干渉合成開口レーダーで観測，処理して求めたもの．北東−南西方向の地震断層の動きがわかる．（国土地理院による）（第2章）

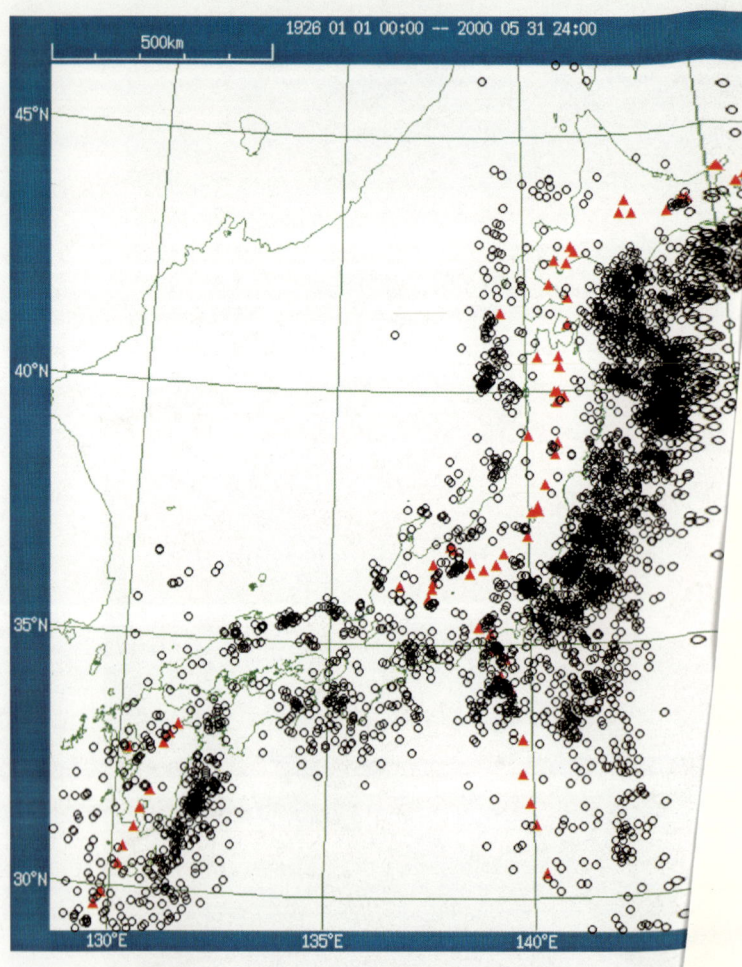

口絵 1 日本列島とその周辺の火山（赤い△印）と浅い地震（○印）の分布．地震は1926年1月から2000年5月までに起こったM5.0以上，深さ60km以浅のもの．地震帯と火山帯がほぼ一定の間隔をもって併走している．ただし，伊豆地方（富士火山帯）では両者が重なっている．（気象庁による）（第1章，第2章，第3章）

1999年4月～2000年4月

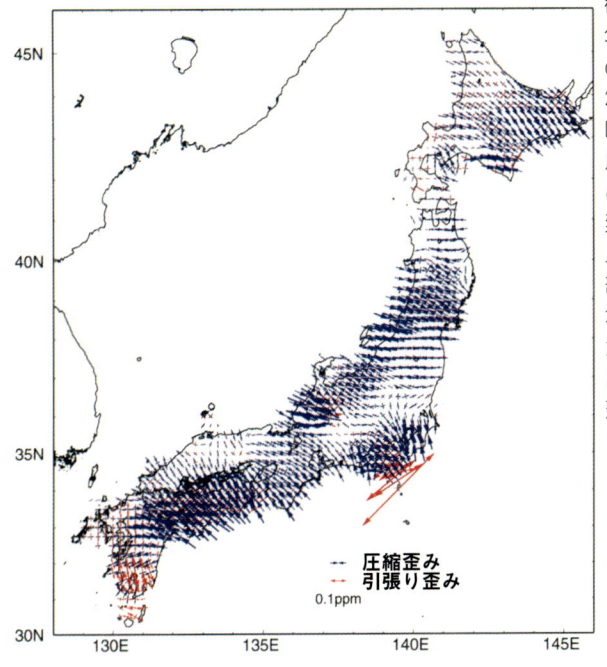

2000年4月～2001年4月

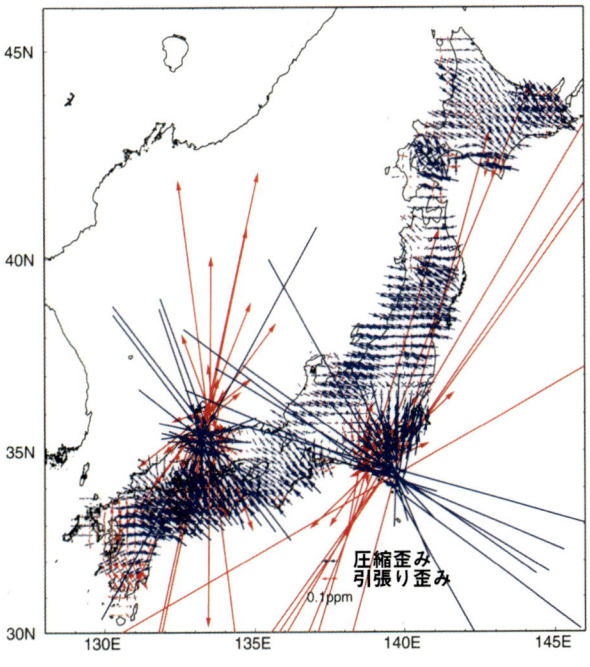

口絵4 GPS連続観測による，1999年以降の1年ごとの歪変化．下図で2000年の有珠山噴火，三宅島噴火，鳥取県西部地震などに伴った著しい変化が見られる．上図で，鳥取県西部地震の前に同地域の歪変化が小さかったことが注目される．（国土地理院，2001）（第1章，第2章）

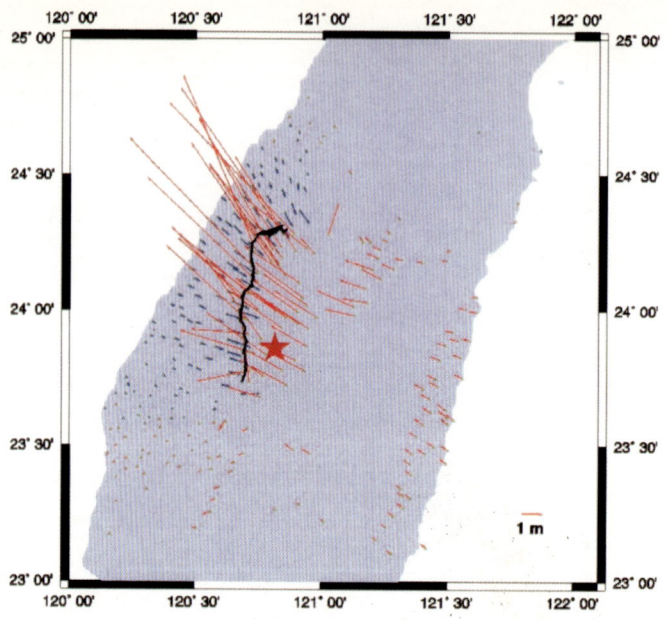

口絵5 台湾の1999年集集地震の震央と地震断層（車籠埔断層）及びGPS観測で求められた各地点の水平変位ベクトル．（曽清涼，2001）（The data were acquired by Bureau of Land Survey, Minister of Interior, ROC and were processed and figured by Satellite Geoinformatics Research Center, National Cheng Kung University）（第6章）

口絵6 台湾の1999年集集地震の車籠埔断層の北端部にまたがる石岡ダムの断層運動による被害状況．（田村重四郎撮影）（第6章）

口絵7 1999年集集地震の車籠埔断層の北部の石岡ダムのすぐそば，逆断層運動で9mも変位した所であるが，断層をまたいだ上盤の建物にも，下盤の建物にもまったく被害がない．この写真の斜面は水田であったし，立木が傾いている．（伯野元彦撮影）（第6章）

地震のはなし

前地震予知連絡会会長
茂木清夫●著

朝倉書店

はじめに

　この本ではできるだけ最近おこった地震について，わかりやすく書きたいと思った．朝倉書店編集部から，「地震のはなし」を私の言葉でやさしく書いてくれないかとの依頼を受けたのは昨年（2000年）の9月であった．教科書ではなく，私自身の考えを前面に出してくれるようにとのお話であったし，三宅島の活動もあって意見を述べるのもよいと思って即座にひきうけたことを記憶している．それは簡単に書けると思ってお受けしたのだったが，三宅島・神津島の活動が相変わらず続き，その行方を見定める必要もあり，他の仕事も続いて，そう簡単に書き下すわけにはいかなくなった．しかも，今年になってからも内外で大きな地震が続発した．1年近く書くのがおくれたが，1年前では書けなかったことが次々に起こって，それについて書くよい機会となり，結果としてはよかったと思っている．

　できるだけやさしくて，しかも，最近の多くの地震の実像を限られた頁で書くというのは，そう簡単ではない．多くの方にお願いして，先端的な内容を示すわかりやすい図を多用して紹介するようにつとめたつもりであるが，頁数も限られていて，十分その目的を達することができなかったのではないかと案じている．冒頭で書いたように，この本では私個人の考えを遠慮なく述べることにしたので，異論のある人がいるかも知れない．また，インド西部地震のような例では，まだ調査がはじまったばかりで，資料がほとんどないといってもよいが，数年前のインドの地震の時に調査に行った結果も参考にして大胆に予備的な推論を試みた．正しいかも知れないし，将来，訂正されるかも知れないが，私としては興味あるはなしであると思っている．色々の意味で，それぞれ特徴のある大地震が相ついで起こった．研究の面からは重要な事件であったが，多くの方々が亡くなり，現在も苦しんでおられることを思い，何とかして地震による災害を軽減する

ように，研究者は勿論，行政も各個人も協力しながら長期的に，しかも積極的にとりくんで行かなければならない問題だと思う．一過性の地震さわぎであってはならない．本書は，地震というものはどういうものかということに50年間近くとりくんできた経験をもとにして書いたつもりである．皆さんのご批判，ご意見をいただければ今後の参考にしたいと思っている．

2001年8月

茂 木 清 夫

目　　次

はじめに

1. 三宅島の噴火と巨大群発地震 ——————————————————— *1*
   1.1 地震帯と火山帯　*2*
   1.2 今回の三宅島噴火活動の特異性　*3*
   1.3 三宅島噴火と巨大群発地震発生のしくみ　*5*
   　a．その背景　*5*
   　b．活動の始まりと経過　*8*
   　c．今回の活動のしくみを説明するモデル　*17*
   1.4 マグマ溜りは存在するか　*21*
   　a．桜　島　*22*
   　b．ハワイのキラウエア火山　*28*

2. 西日本における最近の大地震の続発
   ―兵庫県南部地震と鳥取県西部地震と芸予地震― ——————— *31*
   2.1 大地震は地下のせん断破壊で起こる　*32*
   2.2 西日本の大地震の長期予測　*35*
   2.3 1995年兵庫県南部地震（M 7.3）　*38*
   　a．阪神・淡路大震災　*38*
   　b．本震と余震　*44*
   　c．本震前の変化　*46*
   2.4 2000年鳥取県西部地震（M 7.3）　*51*
   2.5 2001年芸予地震（M 6.7）　*57*

3. 地震予知の可能性はあるか ——————————————————— *63*
   3.1 地震予知の原理　*64*

3.2　1978年伊豆大島近海地震（M 7.0）の場合　*66*
　3.3　1980年伊豆半島東方沖地震（M 6.7）の場合　*75*

4．東海地震予知問題 ———————————————————— *83*
　4.1　東海地震説の発端　*84*
　4.2　東海地震の予知の可能性——場所と時期　*90*
　4.3　予知情報の出し方と対応策の問題点　*96*
　4.4　現在の活動状況　*100*

5．首都圏の地震 ——————————————————————— *107*
　5.1　関東の地震活動　*108*
　5.2　関東大地震　*110*

6．世界の地震 ———————————————————————— *119*
　6.1　グローバルな地震活動　*120*
　6.2　トルコの1999年コジャエリ地震（M 7.8）　*126*
　6.3　台湾の1999年集集地震（M 7.7）　*129*
　6.4　2001年インド西部地震（M 8.0）　*136*
　　a．要注意地域で起こった地震　*136*
　　b．インド半島の地震活動　*138*
　　c．インド西部地震の前駆的変化　*142*

あとがき ————————————————————————————— *145*
索　　引 ————————————————————————————— *147*

1. 三宅島の噴火と巨大群発地震

GPS 等の観測点（地震調査研究推進本部調べ，2000 年 3 月現在）

2000年6月26日に三宅島で火山活動が始まり，まもなく，その北西方向約40kmにある神津島や新島との間の海底下で活発な地震が起こり始めた．テレビや新聞の報道によると，火山噴火予知連絡会会長は，活動開始からわずか4日目の6月29日に火山活動の実質的な「安全宣言」を発表した．ところが，今回の活動はその予測とは全くちがい，三宅島山頂で大噴火が起こり，火口底が大きく陥没してカルデラが生成し，三宅島全体が沈下すると同時に縮小した．また，三宅島と神津島の間の海底下で活発な地震群が起こり続け，さらにこの地域一帯の島々の水平移動が観測されるという，近年，稀に見る大地殻変動が続いた．この活動が8月末まで続き，その余効的活動が残ったものの主な活動は8月末にほぼ沈静化した．

ところが，それにかわって火口から大量のSO_2を主とする有毒な火山ガスの放出が始まり，風向きによっては関東地方や中部地方に達するという異常事態が続いた．したがって，全島民が島から避難している．しかし，最近になって漸く火山ガスの放出量がやや減りはじめたようである．

このような大変動を誰も予想していなかったし，その後のいわゆる専門家の説明や各種の報道も，三宅島とその周辺で，一体なにが，どういうしくみで起こったのかをよく伝えていない．本章では，この活動が始まってから約2か月後（8月21日）の定例地震予知連絡会で私が発表し，そのときの記者会見でも述べた考えをもとに，この大変動がどういうしくみで起こったのかについて，現時点での資料をもとに述べる．

1.1 地震帯と火山帯

地震は地球のどこででも起こるのではなく，多くの場合，帯状の比較的狭い所で集中して起こっている．これが地震帯といわれるもので，太平洋をとりかこむように環太平洋地震帯という世界で最も大規模な地震帯がアラスカからアリューシャン，カムチャツカ，千島，日本列島と走っている．そこでは大地震をはじめ，中小規模の地震が多発している．日本で地震が多いのはこのためである．ところが，この地震帯と並行して活火山の列，つまり火山帯が走っている．口絵1は日本列島周辺の浅い地震と活火山の分布を示したもので，太平洋側の活発な地震帯と火山の列が隣り合って走っていることがよくわかる．しかも，注目すべき

ことはこの両方は見事に並走しているのであるが，両者の間には一定の間隔があるということである．

　しかし，この図でわかるように，伊豆地方を含む富士火山帯は，地震帯と火山帯が重なっているという特異な所である．たとえば，この富士火山帯に沿って，比較的近年においても，1930年北伊豆地震（地震の規模を表わすM〔マグニチュード〕7.3，死者272），1974年伊豆半島沖地震（M 6.9，死者・行方不明者29），1978年伊豆大島近海地震（M 7.0，死者25）という内陸直下の地震としては警戒すべきM 7級の被害地震が続発している．したがって，地震予知連絡会は伊豆地方を注意すべき所として警戒してきた．この伊豆半島の地震については，第3章で詳しく述べる．

1.2　今回の三宅島噴火活動の特異性

　三宅島は富士火山帯に属する活発な火山で東京から230 kmほど南にある．近年はほぼ20年ごとに噴火を繰り返してきた．これらの噴火では山腹に割れ目をつくり，熔岩を流出した．最も新しい1983年10月の噴火から17年が経過して，次の噴火が近いと予想され，火山関係の各機関は三宅島内だけでなく，周辺の伊豆諸島を含む広域にも地震，地殻変動の観測網を展開していた．

　2000年6月26日に島内で火山性の地震が起こり始めたのが今回の活動の始まりであるが，その時点で気象庁，防災科学技術研究所（防災科研）及び東京都の地震計が島内で12台も稼働していた．同時に，国土地理院のGPS観測点と防災科研の傾斜計も三宅島の地盤の変動を観測し続けていた．離島ではありえないこのように充実した観測が行われていたために，その後の地変についてはほとんどリアルタイムで詳しく知ることができたのである．

　この26日，気象庁は「噴火の恐れがある」との緊急火山情報を発表し，三宅村は住民2,300人に避難勧告を出した．27日に地震活動域が西の方に移動し，西側すぐ沖合で海水の変色域が見つかり，海底で小規模な噴火があったことが確認された．

　冒頭で述べたように，活動が始まってわずか4日後の6月29日に火山噴火予知連絡会は事実上の「安全宣言」を出し，避難勧告は全面的に解除された．なぜこのような短期間で「安全宣言」を発表したのだろうか．というのは，地震予知

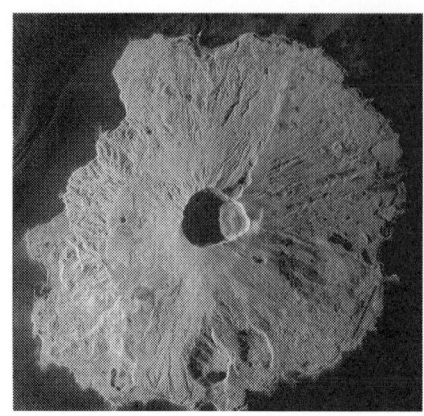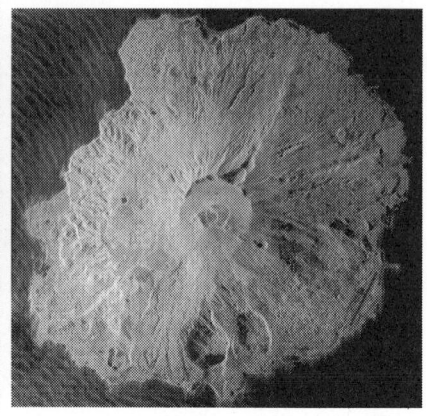

図 1.1 三宅島の噴火前後の画像（郵政省通信総合研究所，2000）
航空機に搭載したレーダーを使い観測した立体的な画像で，噴火前の 2000 年 7 月 6 日正午頃（右図）と噴火後の 8 月 2 日 14 時頃（左図）の撮影．平坦であった雄山の火口の明瞭な陥没がわかる．このときは陥没の大きさは東西 1380 m，南北 940 m，陥没の深さは約 410 m．その後，さらに陥没が拡大し，カルデラを生成するに至った．

連絡会とその作業部会である関東部会はこれまで伊豆半島東方沖（伊東沖）で 1978 年から断続して起こり続けてきた群発地震の観測を続け，その時々に群発地震の終息時期を予測し発表してきたが，そのためには細心の注意を払ってきたからである．小規模な活動でも 2 週間，大きいものでは 1 か月後になった場合もある．部会長または地震予知連会長としての経験から，終息情報については慎重な決定が必要であると思っていた．伊東沖の群発地震の原因についてはいくつかの説があったが，地震予知連は一貫してマグマ原因説で対応してきたが，実際，1989 年に伊東沖の手石海丘で小規模な海底噴火が起こった．火山噴火予知連が伊豆半島に関心をもつようになったのはそれからである．これを契機として，伊豆では両予知連が連携して事に当たるため会長間で覚え書きを交わしていたのに今回役立たなかったのは残念である．

今回このような「安全宣言」を発表した頃は，地下では大きな変動が進行していたのである．ついで 7 月 8 日には三宅島山頂の雄山の噴火が始まり，噴煙が高くのぼり，大量の噴出物が放出され，これまで平坦だった雄山の火口が陥没し始めた（図 1.1）．その後も噴火と火口の陥没の拡大が続き，8 月 18 日の最大の噴火では噴煙が 14,000 m に達し，火山弾が住民の居住地域に落下するにいたり，避難勧告が出された．8 月 29 日には噴煙が 8,000 m に達すると共に，低温の火

砕流が発生し，海岸で海へ流れ下る様子が報道された．8月末からは有毒のSO_2を含む火山ガスが火口から放出され始め，10月には1日当り数万トンという莫大な量のSO_2を放出し続けた．こういう状況下で島民の安全を確保するために，9月1日，東京都は全島民の島外への避難を決定し，9月4日に避難を完了した．しかも，依然としてガスの放出が続いており，その終息の見通しが立たない状況にある．

　今回の三宅島の噴火活動の特徴は，1つの火山の単純な噴火による熔岩の流出あるいは火口からの爆発という，局所的なものとして説明しきれない次のような広域にわたる地震活動と地殻変動とが同時に起こった，ということである．すなわち，三宅島からその北西方向約40kmに位置する神津島・新島にいたる帯状の地域で極めて活発な群発地震が起こった．

　また，それとほぼ同時に，神津島・新島をはじめとした島々の著しい水平移動（上下変動も）がGPS観測網によってほぼリアルタイムでとらえられた．特に，神津島と新島の間の距離が著しく拡大し，注目された．さらに，伊豆大島や房総半島という遠方でも北東方向に移動したことが確認された．

　このような広域に及ぶ地震活動と地殻変動と三宅島の噴火の発生が一体どういうしくみでかかわっているのであろうか．次節でこの問題を考える．

1.3　三宅島噴火と巨大群発地震発生のしくみ

a．その背景

　図1.2は1980年以降関東・東海地方とその南方海域で発生したM 4.0以上で，30 kmよりも浅い地震の分布を示したものである．地震の多い南北の帯がほぼ富士火山帯と重なっていることは前に述べた通りである．この図で特に注目されることは2つの地震密集地があることである．北の方の地震群は伊豆半島東岸の伊東沖にあり，公式には「伊豆半島東方沖群発地震」と呼ばれ，1978年から2000年までほぼ同じ所で大小17回の群発地震が繰り返し発生したものである．南の方の地震群は今回の三宅島近海の群発地震である．白い太い矢印はこれらの地震を起こした力の方向を示す．これは地震波を解析することによって得られたもので，いずれも北東-南西方向の引張り力で起こったものであることがわかった．

1980 1/31—2000 10/1

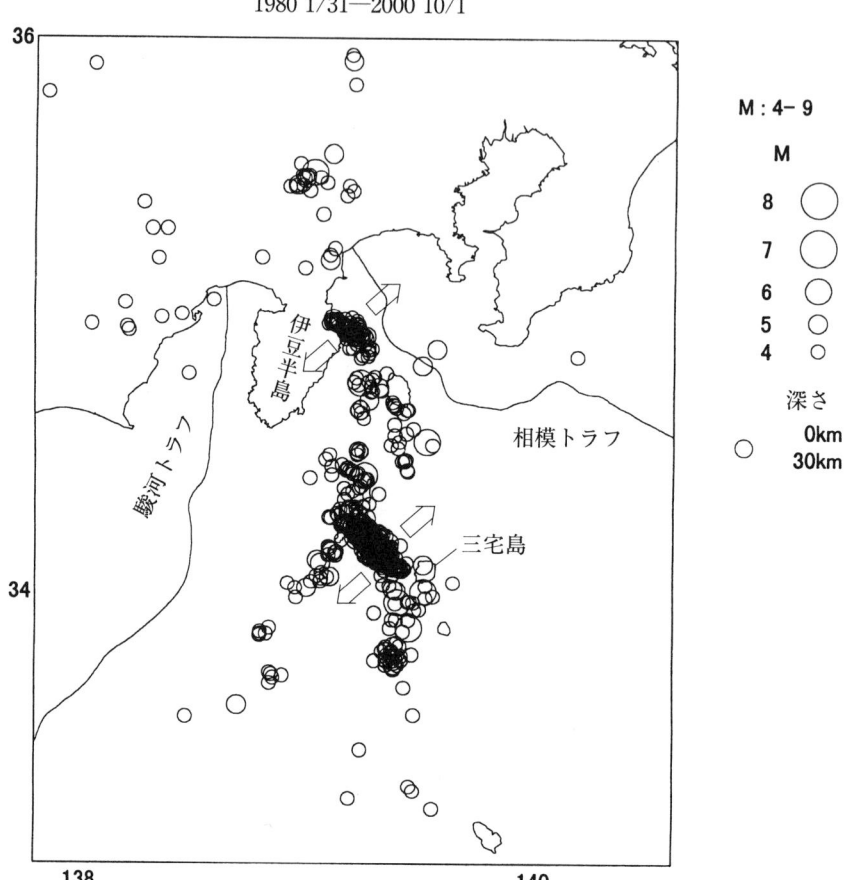

図 1.2 過去約20年間に伊豆半島や伊豆諸島で起こったM 4.0以上の浅い地震の分布
太い矢印は伊豆半島東方沖群発地震と三宅島-神津島の群発地震をひき起こした力の引張り
応力方向を示す.

　群発地震としてこれまで最も活発で注目されてきたのが，長野県松代町を中心に1965年から3年間続いた松代群発地震で，当時，社会問題となった．しかし，松代群発地震でもM 4.0以上の地震の総回数は251であった．また，20年間断続的に起こり続けた伊豆半島東方沖群発地震のM 4.0以上の地震の総数は約100である．それに対して，三宅島周辺の群発地震の場合は2か月で約500回に達した．いかに今回の活動が活発であったかがわかるが，これは20世紀中に日本列島及びその周辺で起こった群発地震の中で最も大規模なものであり，まさに巨大

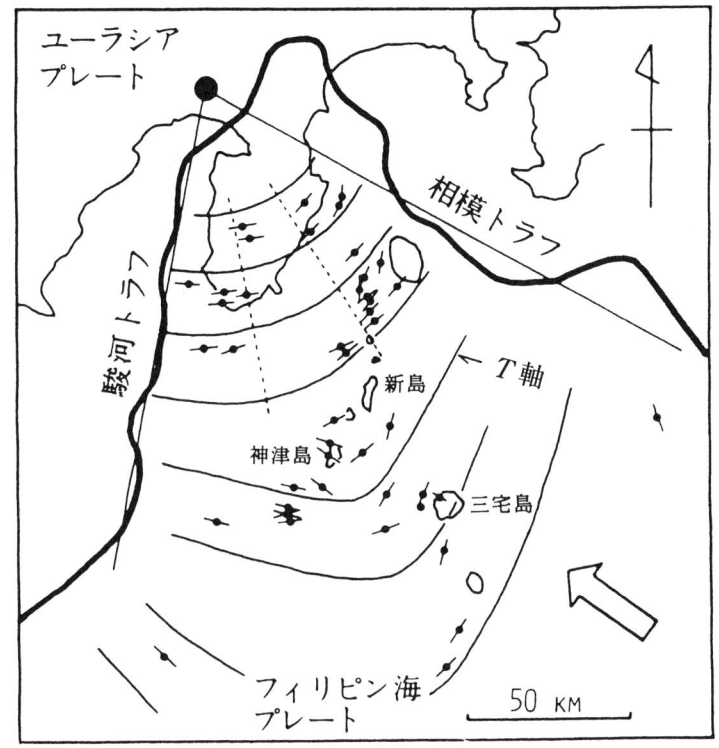

図 1.3 相模トラフと駿河トラフの間のフィリピン海プレートにおける引張り軸（T 軸）の方向を示す曲線
中村一明 (1984) が曲げ（ベンディング）モデルで推定したものと各地震の T 軸の方向がよく合う．

群発地震というに値する．

　何故このような大規模な群発地震がここで起こったのだろうか．原因の第一は三宅島の噴火活動にあることをあとで述べるが，もう 1 つはその発生をうながすような背景があったと考えられる．図 1.3 は中村一明 (1984) によるもので，この地域の地殻にどういう力が加わっていたかを示すものである．この地域では，本州が乗っているユーラシアプレートにフィリピン海プレートの北端部が矢印の方向に運動して衝突している所である．プレートとは厚さ数十 km の固い岩盤で，いくつものプレートにわかれていて地球の表面を被い，相互にちがう運動をしている．図 1.3 の太い実線はプレートの境界で三角形の頭のような形をしているが，フィリピン海プレートの西側は駿河トラフでユーラシアプレートの下にも

ぐりこみつつあり，北東の境界では相模トラフでユーラシアプレートの下にもぐりこんでいる．こういう状況ではフィリピン海プレートに上凸の曲げの力が働き，プレートの上面側に引張り力が働くことになると考えられる．

　中村はそういう目でこれまでこの地域で起こった地震のうち，発震機構の解析から求められた引張り力の方向（T軸の方向）を整理すると，図 1.3 のように系統的に変化しており，上に述べた曲げ（ベンディング）モデルと調和していることを指摘し，T軸の方向を図の細い曲線のように描いた．

　この図では，三宅島，神津島，新島の一帯ではT軸方向は北東-南西の方向になっていて，北東-南西の方向の引張り力が働いている地域であることがわかる．このような力が働いている所では，北西-南東方向に割れ目ができやすい．今回の群発地震はまさにその方向をもつ帯状地域に起こっているではないか．つまり，もともとこの地域にはこの方向に割れ目ができやすいという背景があったと考えられるのである．

　破壊が発生して，それが進展する条件がさらにそろっていた．三宅島は噴火を頻繁に繰り返してきた極めて活動的な火山である．ということは，三宅島の深部から絶えず大量のマグマが供給され続けてきた．しかも，近年の記録ではほぼ 20 年の間隔で規則的に噴火している．このようなリズミカルな噴火を繰り返すということは，三宅島の下にマグマ溜りがあると考えざるをえない．しかも，前回の噴火から 17 年を経過したということは，このマグマ溜りの圧力がかなり高まっていたと考えられ，これが今回の噴火と地震の発生のもととなった．

b．活動の始まりと経過

　6 月 26 日の小地震の発生を伴う噴火活動の開始は地表への熔岩の流出もなく，表面的にはむしろ静かなものであった．しかし，GPS の観測データを見ると，三宅島直下で極めて注目すべき急激な変化がかなり突発的に発生したことがわかる．図 1.5 の上図のカーブは三宅島が東西方向に短縮したことを示すものであるが，それが 6 月 26 日に極めて突発的に始まり，この短縮がそのまま進行したことを端的に示している．ここには示していないが南北方向にも急激な変化があった．

　図 1.4 は図 1.5 と共に今回の大変動がどのようにして起こったかを最も直接的に示していると私は考えている．図 1.4 の上図は 6 月 26 日から 7 月 3 日までの

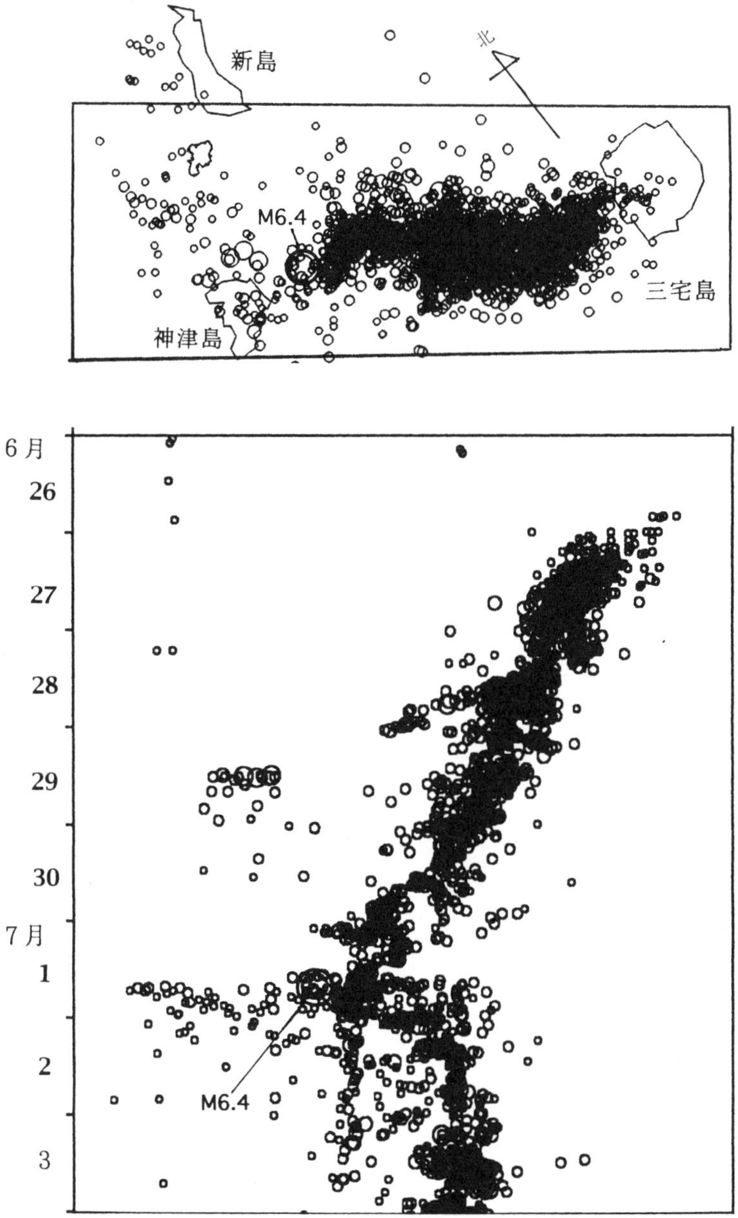

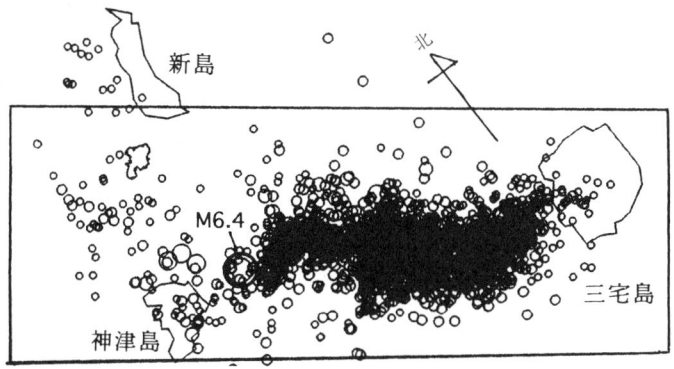

図 1.4 三宅島から神津島の東側沿岸地域への地震活動の移動
移動の終点で今回の群発地震の中の最大級の地震（M 6.4）が起こった．

8日間に起こった地震を上から見た分布図であり，下図はこれらの地震が三宅島と神津島を結ぶ線上のどこで，いつ起こったかを示した時間-空間分布図である．つまり，まず，26日に三宅島の火口直下で地震が起こり始め，この地震活動域が神津島の方向（やや北寄り）にほぼ一定の速度で移動した．その移動速度は1時間当たり200m位である．この地震活動の移動が神津島の東北沿岸に近づいた時点で，今回の群発地震で最大級の地震の1つであるM6.4の地震が7月1日に起こった．この地震の発生で神津島を含むやや広い範囲で余震ともいうべきものが1日間ぐらい起こったことがこの図からわかる．この地震が起こったあとは，上に述べた三宅島から北西方向への移動の傾向は見られなくなった．私がここで特に指摘したいことは，このように活発な地震活動域の見事な移動は，長年にわたって地震活動の移動を調べてきた私にとって初めてのことであり，これはただごとではないとの印象をもったということである．

　図1.5の中央の図はこの地震の時空間分布図をさらに7月14日まで示したものである．7月1日以後は地震に系統的な移動が見られず，三宅島と神津島・新島の間，特に神津島寄りのほぼ同じ地域で起こり続けた．この図の上段の図はすでに述べたように，GPS観測で求められた三宅島の東西方向の縮みの時間的な変化である．重要な点は，前にふれたようにこの縮小が突発的に始まったことと，その時期が三宅島で地震が起こり始め，神津島の方へ系統的に移動し始めた時（6月26日）と完全に一致することである．GPSのデータは，ここで示した東西方向の縮みにとどまらず南北方向の変化や上下変動も同じように6月26日に急激に変化したことを示した．三宅島の火口や山体の表面には目に見えるような変化がなかったが，その内部で大変動が始まったのが6月26日であった．

　この図の最下段の図は新島と神津島の間の距離の変化を示した同様のものである．この図で指摘したいことは，三宅島の地下で大変動が始まった6月26日からしばらくは新島-神津島では全く変化がなかったのに，上に述べた地震の移動が神津島と新島の間に向けて進行し，この両島の東側沿岸近くに達した7月1日にM6.4の大きい地震が起こると同時に，両島間の距離が次第に増加し，その後も群発地震が起こり続けている間，その増加を継続したことである．

　この図1.4と図1.5は，6月26日に三宅島の地下のマグマ溜りから，マグマが地殻内を破壊しながら北西方向に貫入し，神津島の東北沿岸近くに達して停止し，ひきつづきこの貫入部にマグマが流入して破壊を起こしているという考えで

1.3 三宅島噴火と巨大群発地震発生のしくみ

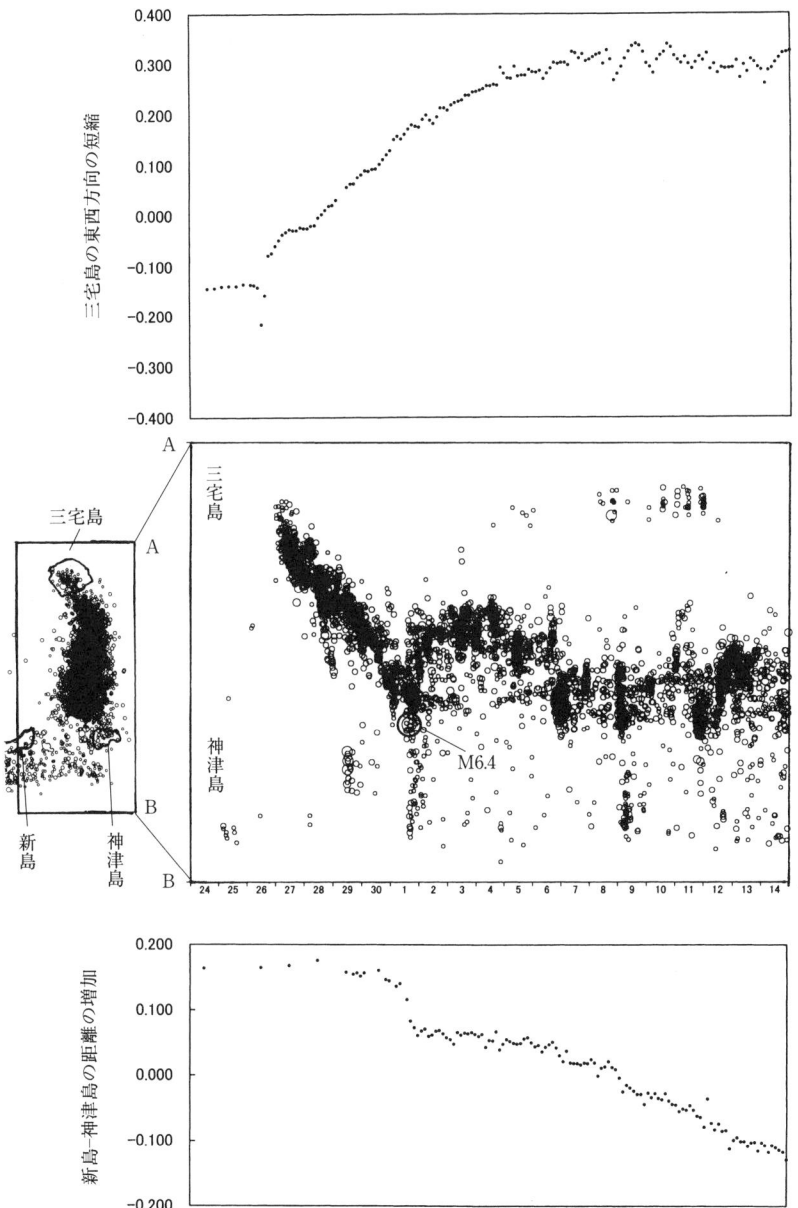

図 1.5 三宅島と神津島の間の群発地震の時空間分布（中央の右図）と三宅島の東西方向の短縮（上のカーブ）と新島-神津島間の距離の変化（下のカーブ）（データ，地震：気象庁，地殻変動：国土地理院）

説明できるということを示唆している．

図1.6は6月26日の活動の開始から9月末日までに右上の長方形の範囲内で起こったM3.5以上の地震の日別回数の変化と時間-空間分布図を示したものである．本章で用いた地震データは気象庁によるものであるが，東大地震研究所などによる海底地震計による観測結果によると，地震の深さは20kmよりも浅く，10～15kmのものが多い．

図1.6を見ると，活動が始まった6月末が最も活動度が高く，三宅島側から神津島に向けての移動が見られるが，7月以降は断続的に集中的に発生しながら次第に活動度がゆっくり低下してゆき，8月下旬で目ぼしい活動が終わったことがわかる．

図1.7は図1.5で示した地殻変動の図を8月末までのばしたものである．図1.7（上）は三宅島の東西方向の短縮曲線であるが，この最終時には三宅島は東西，南北とも約1m短縮し，同時に島全体が沈降した．但し，9月から全島民が避難することになり，三宅島での諸観測は中断したままになっている．

図1.7（下）は新島が北東方向に移動し，神津島が南西に動いたため，両島間の距離が増加し続けたことを示すものである．しかし，8月下旬からこの距離の増加はほとんどなくなった．ここでは新島と神津島間の距離の変化という最も著しいものを示したが，これと同じように進行していた伊豆大島や房総半島などの北東方向への移動も8月下旬に認められなくなった．

このように，8月下旬になって地震活動が明瞭に低下し，同時に広域の著しい地殻変動も見られなくなった．つまり，両者は密接に関連しており，8月下旬からは三宅島-神津島一帯は力学的に均衡のとれた落ち着いた状態になったことがわかる．

8月21日の定例の地震予知連絡会で私はほぼこれまで述べたことをもとに，今回の火山噴火と地震の活動は三宅島直下の高圧状態にあるマグマ溜りから，神津島・新島に向けてマグマが地殻の中を破壊を起こしながら貫入したためであるというモデルを発表した．

それに対する異論の1つは，M4.0以上の大きい地震に着目すると，三宅島の西側の海域にはほとんどなく，主たる活動が神津島寄りにあるので，三宅島とは別のマグマ溜りが神津島との間にあるのではないかというものであった．もう1つはこのように35kmにも及ぶ長い距離をマグマが冷却することなく地殻内を

1.3 三宅島噴火と巨大群発地震発生のしくみ

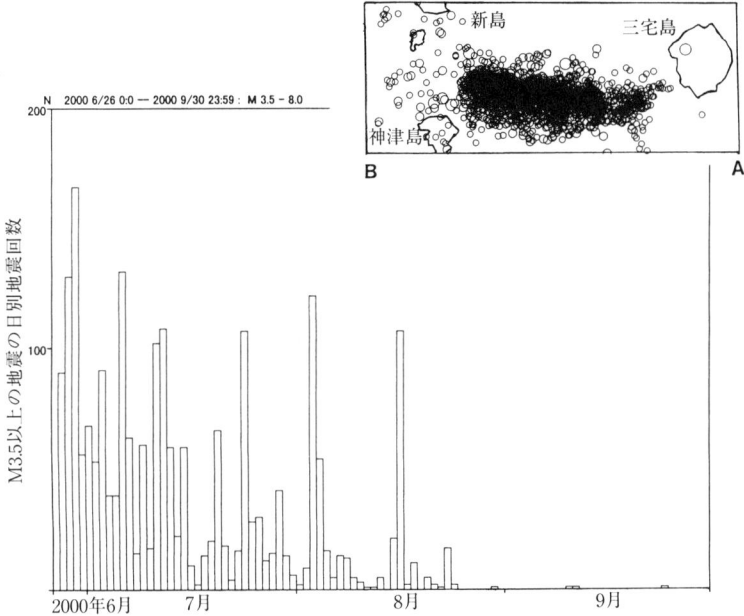

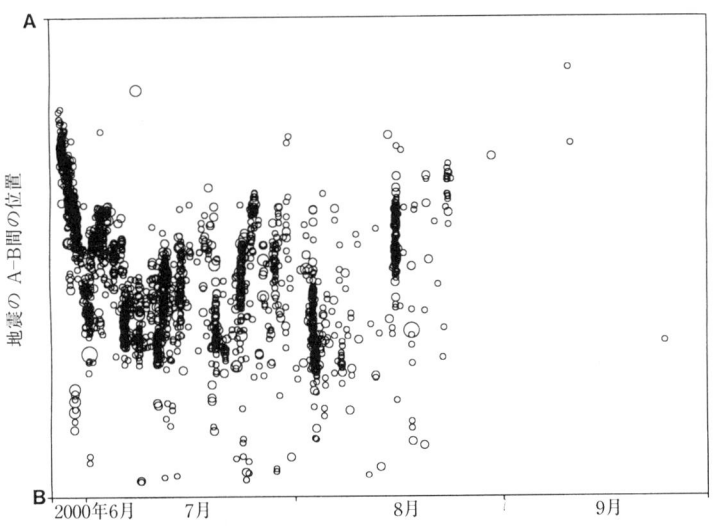

図 1.6 上：6月26日から9月末日までに右上の長方形の範囲内で起こった地震の日別回数の変化
下：ABに投影した地震（M 3.5 以上）の時間-空間関係

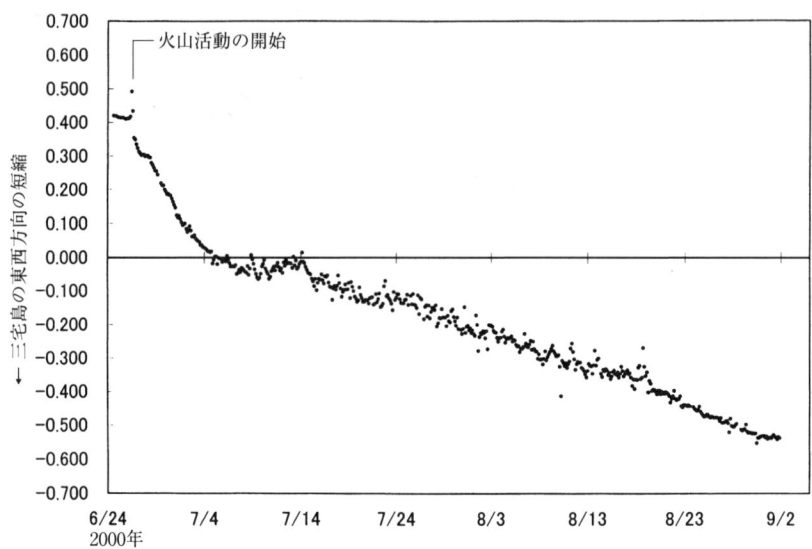

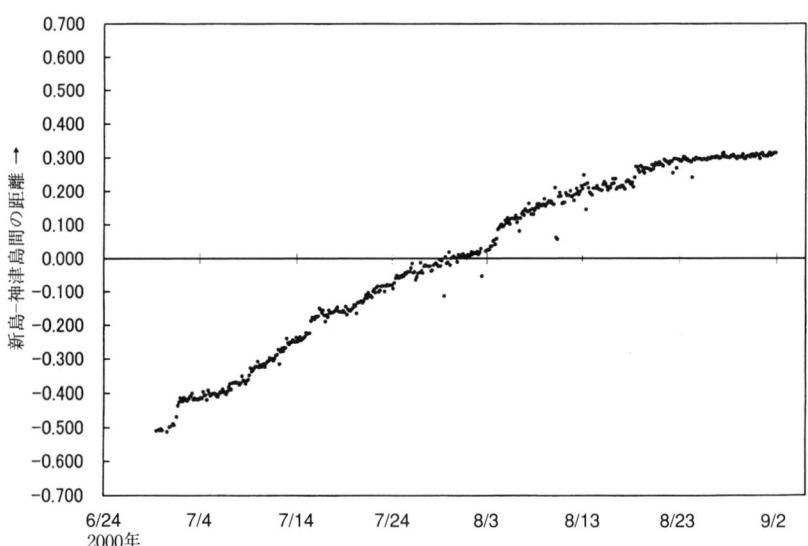

図 1.7 　上：三宅島の東西方向の短縮の時間的変化
　　　　下：新島と神津島の間の距離の増加曲線
　　　　（国土地理院，2000）

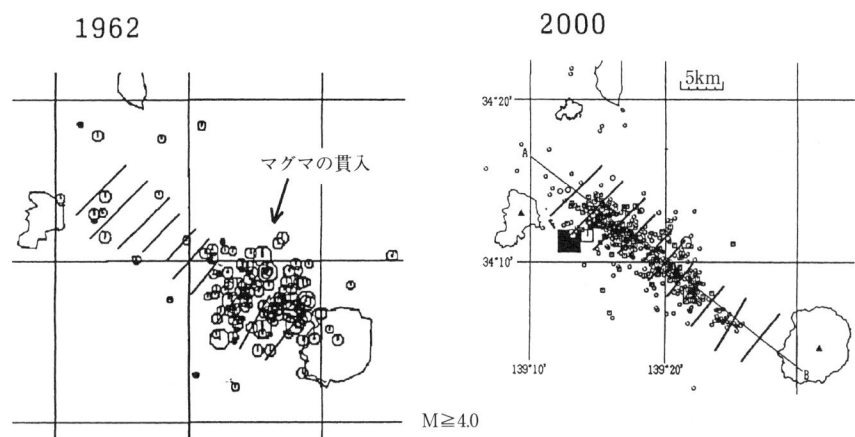

図 1.8　1962 年と 2000 年の三宅島噴火に関連して発生したと見られる群発地震の中の M 4.0 以上の地震の分布（気象庁，2000）

移動できるだろうかというものであった．

図 1.8 は 1962 年と 2000 年の三宅島噴火の時にその近くで起こった群発地震活動を並べて示したものである．左側に 1962 年の M 4 以上の地震の分布図，右側には 2000 年の分布図が示してある（気象庁，2000）．今回の群発地震について見ると，M 4.0 以上の地震だけに着目すると三宅島とその西側海域は空白となっていて，神津島側に寄っている．これだけを見ると，今回の群発地震が三宅島の下からのマグマの貫入で起こったと見るのは無理ではないかと思うかもしれない．

ところが，上述のように約 40 年前の 1962 年に三宅島が噴火した時にも極めて活発な群発地震が発生した．当時，火山地震の大家であった東京大学の水上武らが島内での観測を行ったが，島内にのみ注目し，島外で起こった大群発地震に注目することはなかった．当時の気象庁の地震の震源決定の精度が低く，なんらかの大規模な群発地震が三宅島を含む広い範囲で起こったらしいということしかわからなかったということもある．その後，気象庁の浜田信生ら (1985) が震源の再決定を行ったところ，これがかなり限られた範囲で起こったことがわかった．それが図 1.8 の左の図である．ここで重要なことは，1962 年の活動における M 4.0 以上の大きい地震が三宅島の北西沿岸及び海域に集中しているということである．ちょうど，2000 年の群発地震域と三宅島の間の空白域を埋めるように起こっている．この活動は最大地震 M 5.9 を含む大変活発な活動であった．

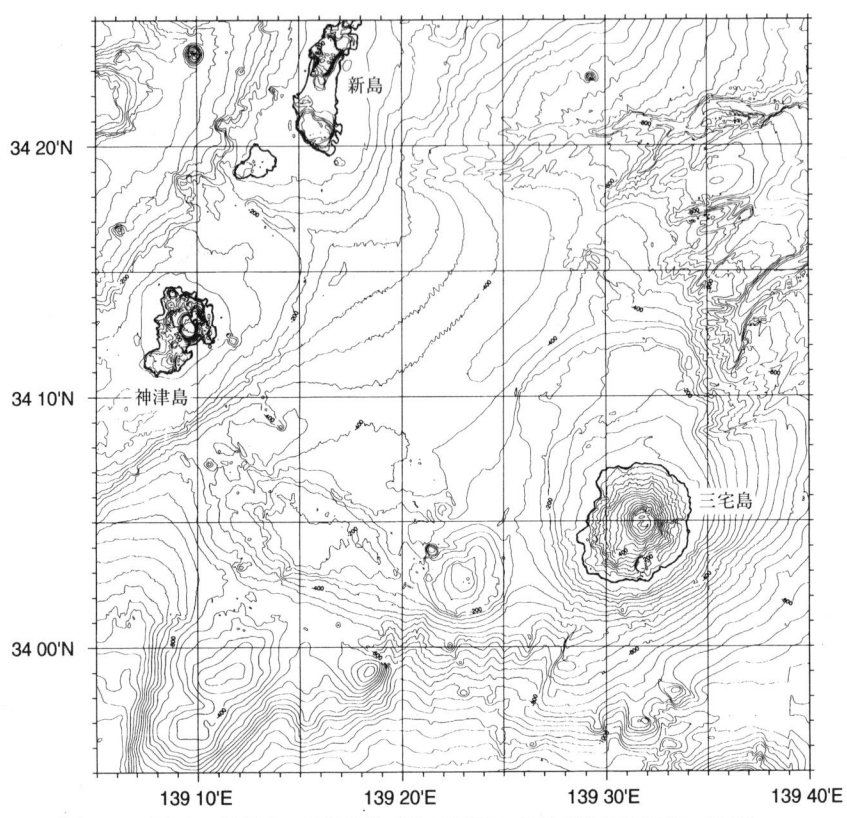

図 1.9 三宅島・神津島・新島地域の海底地形図（海上保安庁水路部，2001）

このことから，1962年にも三宅島のマグマ溜りから北西に向けての地殻内のマグマの貫入があったと推定される．この地震分布図からその長さは10～20km位であったろう．地下10～15kmの深部ではマグマは容易に冷却しにくいと思われるので，今回はこの1962年の貫入部を容易に通り抜けて，さらにその延長線上でマグマの貫入が進行した．そのように考えると，今回の地震活動の高いところが神津島寄りにあること，マグマの貫入の距離が大きかったことが理解できる．

三宅島と神津島の中間に別のマグマ溜りのようなマグマの供給源があり，ダイク（熔岩で満たされた割れ目）が生成したというモデルが名古屋大学から提案された（地震予知連資料，2000年8月）．しかし，図1.9に見られる水路部による海底地形図を見ても，三宅島と神津島の間の群発地震が起こった地域は非常に平

坦であり，その下に大きなマグマ溜りのようなものがあるようには見えない．もちろん，この問題は現在進められている地下構造の調査結果によってさらに解明されることを期待している．

c．今回の活動のしくみを説明するモデル

これまで述べてきたことをもとにして，今回の三宅島の火山活動と，ほとんど同時に始まった巨大群発地震，広域に及んだ地殻変動，さらに今なお続いている火山ガスの放出が互いにどういう関係にあるのか，ということについて，その大枠となるモデルを図 1.10 に示した．この図で分けた（1）から（4）までの過程について説明する．

（1） 6 月 26 日とその直後

　図 1.10 の左側の図に示したように，三宅島，神津島，新島の一帯は北東-南西の引張り応力の場にある．右側の図は三宅島と神津島を結ぶ方向の鉛直断面の模式図である．三宅島山頂の下には鉛直の火道があり，その下に大きなマグマ溜りがあって，深部からのマグマの供給が定常的に続いていて，6 月 26 日の時点でマグマ溜りの圧力は極限に達していた．実際，近年の GPS による観測が始まった時から三宅島は水平方向にゆっくり拡大していた（つまり，隆起していた）ことが認められていた．遂に山体内部で小破壊や変動を始めるが，やがて，三宅島のマグマ溜りの西側に出口を見出し，深さ 10〜15 km の地殻内で小破壊，つまり地震を起こしながらマグマが西北西方向へ貫入し始める．このマグマの出口となった所は，図に示すように 40 年前の 1962 年の噴火の時にマグマが割れ目を作って貫入したいわば弱い所であった．

（2） 西北西方向に進んだマグマはまもなく，北東-南西の引張り応力場の中を進行するうちに，向きを北西-南東方向に変えて進行した．ほぼ鉛直の割れ目が成長し，その割れ目にマグマが流入する．この過程で小破壊群ができ，活発な地震群が発生した．これが神津島の方向に向けての極めて系統的な地震活動の移動となった．

　このマグマの地下での流出のために，三宅島直下のマグマ溜りの圧力は低下する．そのため，三宅島が東西，南北共に短縮し，島全体が沈降した．このマグマの北西方向への貫入を進行させた原因は，マグマ溜りの圧力が高かったことと，北東-南西方向の引張り応力場があって，マグマを吸いこむように働い

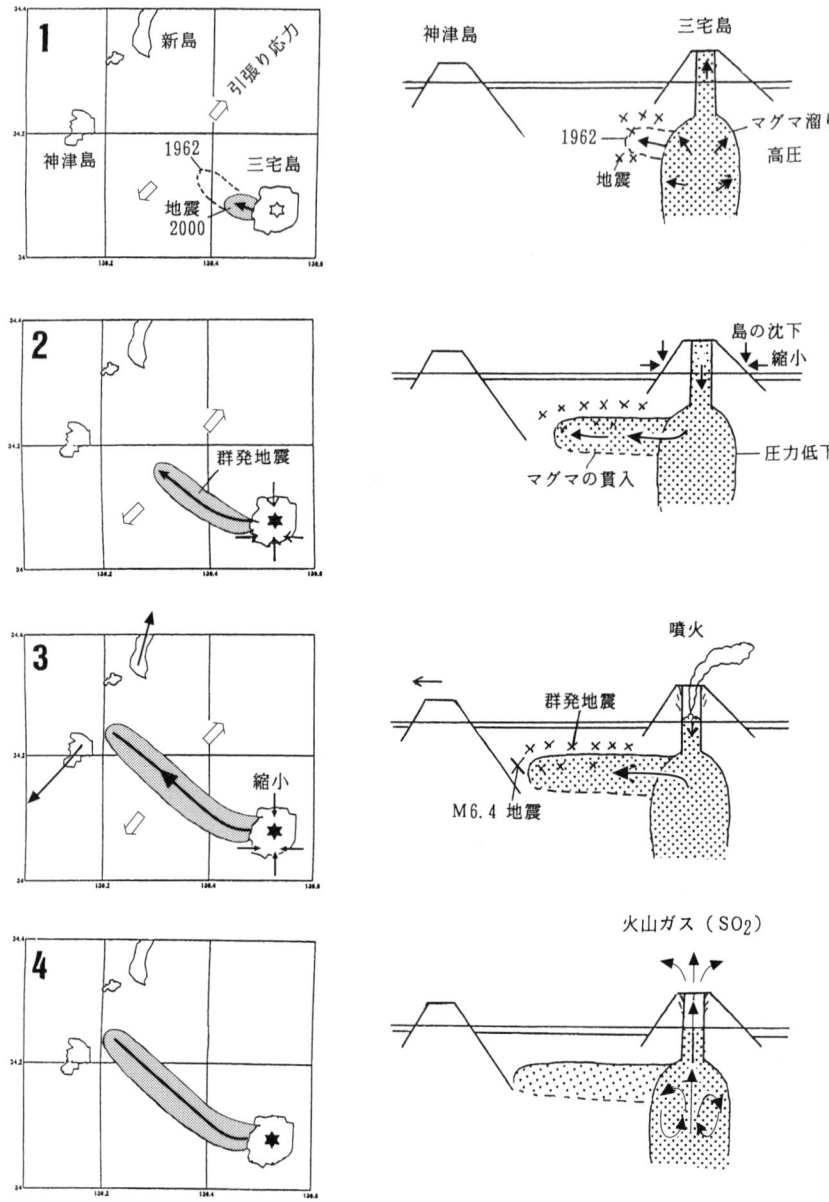

図 1.10　今回の伊豆諸島における火山活動及び地震活動のメカニズムを説明するモデル

たことである．

（3） 北西方向に進行したマグマの貫入は神津島を乗せた別の台地に近づくと，そこで今回の群発地震のうちの最大級の地震（M 6.4）を発生させて，それ以上進むことはなかった．しかし，三宅島のマグマ溜りの圧力が，マグマの貫入によってできた割れ目内の圧力よりも高いために，マグマ溜りからの流れは進行した．そのために，さけ目（ダイクを形成している）の厚さが増大し続けた．このマグマの貫入の方向の延長が神津島と新島の間にあるため，さけ目が大きくなることによって，新島は北東へ，神津島は南西へ移動し，両者の距離は増加し続けた．このさけ目の北東方向にある伊豆大島や房総半島もさけ目の拡大によって北東方向に移動し続けた．

このさけ目の成長と拡大に伴う小破壊の発生によって，空前の巨大群発地震が発生した．同時に，マグマがさけ目に流入し続けたために，マグマ溜りの圧力は次第に減少した．そのため，これまで平坦であった三宅島山頂の雄山の火口が低下し始め，遂に，400 mも低下してほとんど海抜0 mになると同時に，火道の崩落が進んで，カルデラを出現させるに至った．その過程で大小の噴火が発生し，その最大のものでは噴煙の高さが14,000 mに達した．

（4） このような三宅島のマグマ溜りからマグマの貫入部への流出は，両方のマグマの圧力が同じになって止まった．同時に，神津島や新島の移動もなくなった．図1.6からわかるように，群発地震活動も最初に最も活動度が高く，時間と共に次第に減少してゆき，8月20日頃からは目ぼしい地震がほとんど起こらなくなった．こうして，8月末には主な力学的変化はほぼ終わった（周辺

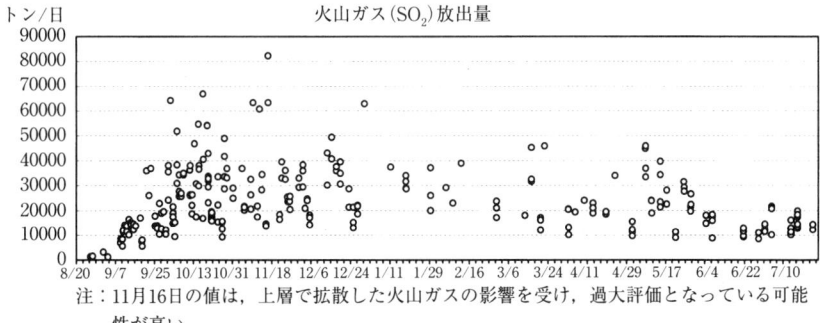

注：11月16日の値は，上層で拡散した火山ガスの影響を受け，過大評価となっている可能性が高い．

図 1.11 三宅島の火山ガス（SO_2）放出量の時間的変化（2000.8.20～2001.7.23）（気象庁，2001）

ではこの事変により，その後も若干の活動が誘発されて起こった）．

しかし，図1.11に示すように，その頃からSO_2を主とする大量の有毒な火山ガスの放出が始まり，風向きによっては関東や中部地方にも達するという異常事態が続いた．これが2001年5月頃まで続いたが，6月以降は1日当たり2万トンという低いレベルの日が続いている．このような異常に大量の火山ガスの放出が長期にわたって続いているということは，大量のマグマが深部から上昇し，三宅島のマグマ溜りに流入しただけではなく，大量のマグマが地殻内を

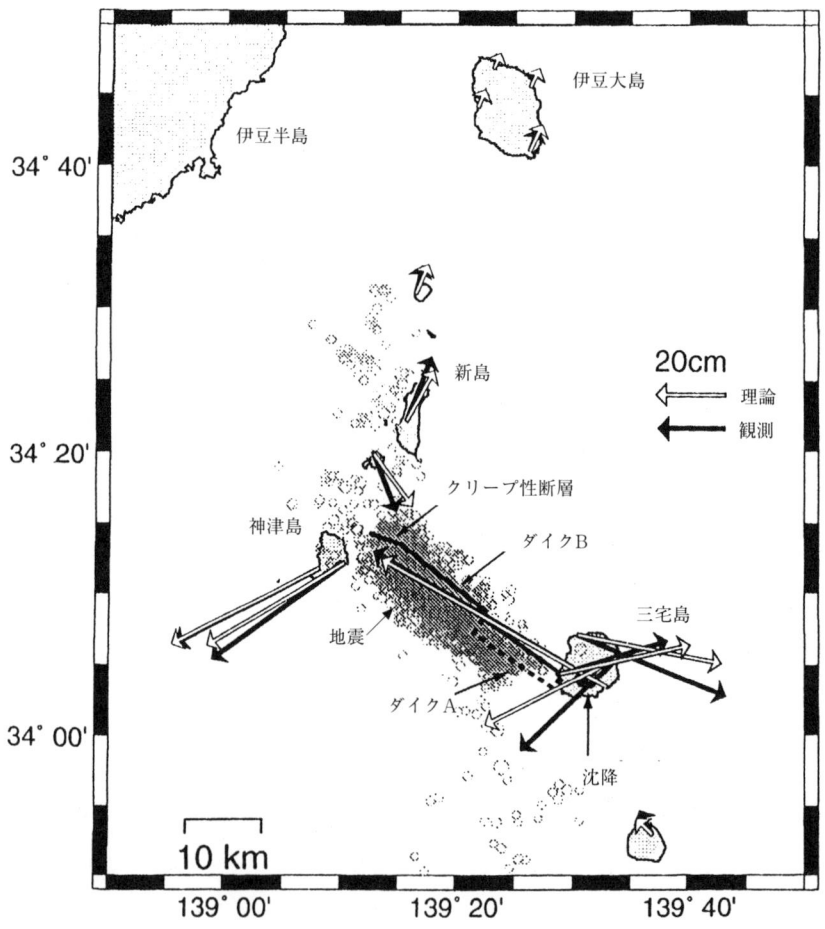

図1.12 三宅島の沈降とマグマの北西方向への貫入があった場合に期待される地殻変動の理論値と実測値の比較（西村卓也ら，2001）

移動し，マグマ溜りの中で著しい撹乱が起こっているためであろう．

　以上のように，この地域に長期的に加わっていた北東-南西の引張り応力場の中で，三宅島のマグマ溜りの圧力が臨界点になったためにマグマの北西方向への貫入が起こり続け，前代未聞の大規模群発地震を発生させ，神津島・三宅島をはじめとした広域に及ぶ地殻変動を起こし，三宅島の大きな噴火，さらにそれに続く大量の火山ガスの放出をもたらしたものと結論される．

　これまでは定性的なはなしであったが，上述のような三宅島の沈降とマグマの北西方向への貫入がある場合にどういう地殻変動が期待されるかという理論的な研究も行われている．その1つとして，国土地理院の西村卓也ら（2001）の結果を図1.12に示す．このモデルでは三宅島の沈降とマグマの貫入によるダイクのほかに，ダイクの北西の先端部でクリープ性（ゆっくり動く）断層をつけ加えたが，大きい地震時の急激な変位を除いた観測値がこのモデルでよく説明できることを示している．

1.4　マグマ溜りは存在するか

　これまでの話ではマグマ溜りというものが火山の地下にあるという考えで進めてきた．地質学者は古い火山体を調査してそのことを主張してきたし，地球物理学者は各種の観測・測定を行ってマグマ溜りの存在をさぐってきた．その最も端的なものとして，噴火の前後に地盤が隆起・沈降することに着目する方法がある．妹沢克惟（1931）は1929年の駒ヶ岳の噴火の際に，駒ヶ岳の山麓を通る水準点（高さを測定するために埋設してある岩石基準点）が沈下したことに注目して，これが火口直下のマグマ溜りの圧力が減少したことによると仮定して，弾性論で計算してマグマ溜りが3kmよりも浅いということを報告して先鞭をつけている．しかし，この噴火は大きくなく，しかも，測定された水準路線が駒ヶ岳の火口の北側と西側の麓を通っているだけであったために，莫然とした結果にとどまり，格別，火山学者の注目をひかなかった．実は，以下に述べるように，それよりも15年も前に，桜島火山の大噴火について水準測量が行われ，すばらしいデータが報告されていたのである．地殻変動からマグマ溜りの存在をほぼ確実に示したのは，このデータを用いて論じた私の1957（和文），1958（英文）年の論

文で今でもよく内外で引用されるので，これを紹介する．

a. 桜　島

1914年1月12日，桜島火山で大噴火が発生し，同時に，M 7.1の大地震が発生して，死者58，傷者112，焼失・倒壊家屋多数の被害が出た．この噴火で桜島火山を東西に横切るような方向にある東側と西側の山腹から大量の熔岩が流れ出し，これまで島であった桜島が東側で大隅半島と陸続きになった．この噴火と同時に，桜島の北側の鹿児島湾を中心に広大な領域で地盤が沈下した．その範囲はほぼ九州南部全域に及んだ．

私が東京大学地震研究所の火山物理学の水上武の研究室に助手として入ったのは1954年であった．入所したばかりで，研究室の助手としての雑務と火山学会（私の机が学会事務所であった）の事務に忙殺されていた．最も伸び盛りの若い

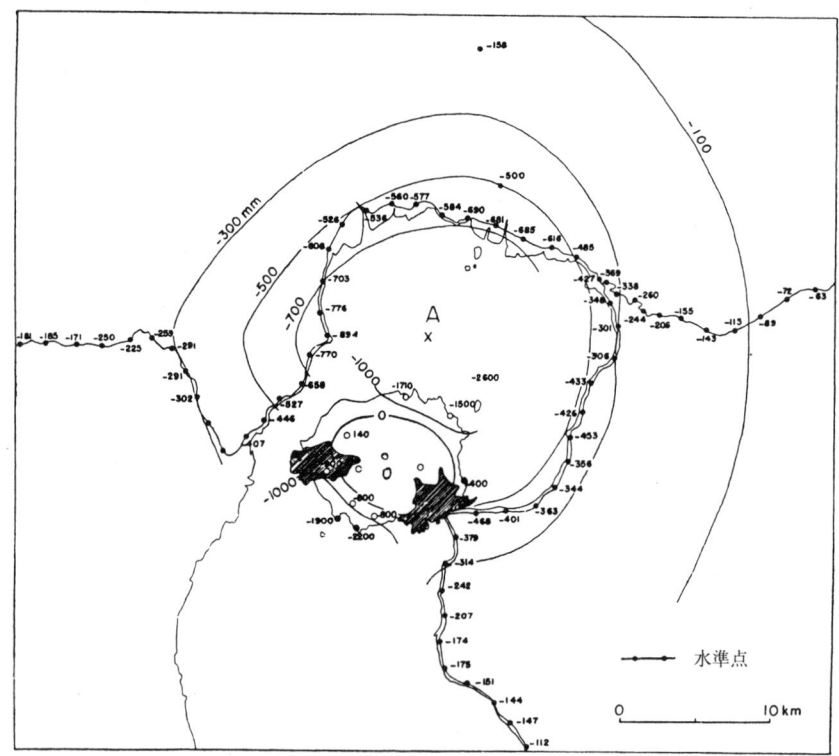

図 1.13　1914年の桜島大噴火前後の桜島とその周辺の地盤の上下変動（大森房吉，1922）

1.4 マグマ溜りは存在するか

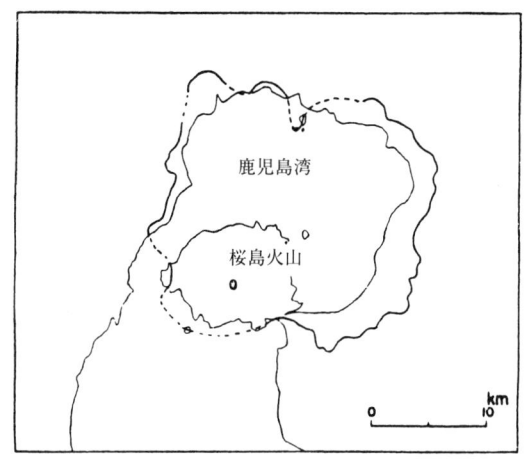

図 1.14 鹿児島湾と姶良カルデラ（松本唯一，1943）

者をこういう雑用に使っていたのである．私はその合い間に隣室の図書室に時々入って，明治・大正時代の地震学・火山学者大森房吉と今村明恒の論文や雑文を立ち読みした．

その中に，1914 年の桜島の大噴火で南九州一帯の地盤が沈降したことを詳しく記述した大森の論文（1914〜1919）が目にとまり，興味をひいた．図1.13 は大森によるもので，噴火直後（1914）と噴火前の 1895 年の水準測量による高度差をとって記入したものである．そして，沈降曲線が鹿児島湾を中心としたほぼ同心円で描いてある．水準測量は 1915 年，1919 年，1932 年と繰返し実施された．大森は日本の地震学・火山物理学の実質的な創始者であるが，彼の厖大な論文の多くがそうであるように，その時の地盤変動を測定するために行った水準測量のデータを完全な形で記載して後世に残してくれた．

図1.14 は松本唯一（1943）による姶良カルデラの縁（古い火山の大噴火で陥没したカルデラの外輪山）を示したものであるが，これがちょうど鹿児島湾北部に当たっている．

これらの図を見て，これは姶良カルデラの地下にマグマ溜りがあって，桜島の噴火で大量の熔岩が地表に流出したために，マグマ溜りの圧力が減少して沈降したのではないかと直感した．火山のことについては何も知らない私が研究所に入って 2 年目の 1956 年の時である．

そこで，桜島大噴火に関する文献を調べてみると，当然のことながら，この大

沈降は多くの人によって注目され，論じられていることがわかった．特に，地殻変動の大家であった坪井忠二は1929～1933年にわたってこの地盤沈下についての論文を発表した．彼は桜島の北側の鹿児島湾に沿ってほぼ一周する水準路線の水準点の沈下を分析して，この鹿児島湾沿岸がいくつかの地塊（ブロック）にわかれているとし，今回の大規模な地殻変動をこれらの地塊が傾動したものとして説明した．坪井とならぶ地殻変動の専門家であった宮部直己も彼が開発した「宮部の方法」を応用して地塊運動の傾斜を一段と精度よく求めたという論文（1934）を発表した．

　1914年の大噴火（大正噴火）はその噴出物の総量が20億m^3にも達し，20世紀中の日本の火山噴火の中で最大のものであった．その32年後の1946年にも桜島で再び山腹から東西に熔岩を流出する噴火（昭和噴火）が起こり，当時の多くの地球物理学者（火山学者も含む）が観測・研究を行い，報告書を発表している．この時の噴出物の総量は1億m^3で，大正噴火の20分の1であった．やはり大正噴火と同様の水準測量が行われ，原田美道（1950）が報告したが，それはこれまでの論説と大差のないものであった．つまり，桜島の噴火に伴う地殻変動について，坪井らの地塊運動説から30年間，それに異議をとなえる人はいなかったのである．しかも，この地塊運動説というのはどういうメカニズムで変動が起こったかについて全くふれていないものである．

　そこで私は前述の私の考えを確かめることにした．姶良カルデラの深所のマグマの中心に相当する地表の点をさがして図1.13のA点とした（同心円の中央になりそうな点をとった）．図1.15の最上段（I）は鹿児島湾を取り囲む水準路線の各水準点とA点との距離を縦軸にとり，横軸に鹿児島湾に沿う水準点の番号をとったものである．同図の最下段（III）は縦軸に水準点の沈降の実測値をとったものであるが，（I）と（III）はよく似ている．この図を見ると，坪井らが地塊の境界とした所は単に水準路線の方向が急に変化した所にあたり，そのため見かけ上，地殻変動が急に変化した所であり，地塊というようなものは存在しないことがわかる．

　そこで，地殻を一様な弾性体と考え，地下に球状の静水圧の力源（マグマ溜りに相当する）があって，その圧力が上昇すれば地表が隆起し，低下すれば沈降するということで説明できるのではないかと考えた．

　半無限弾性体の中に小力源がある場合の地表の変形は妹沢によっても計算され

1.4 マグマ溜りは存在するか

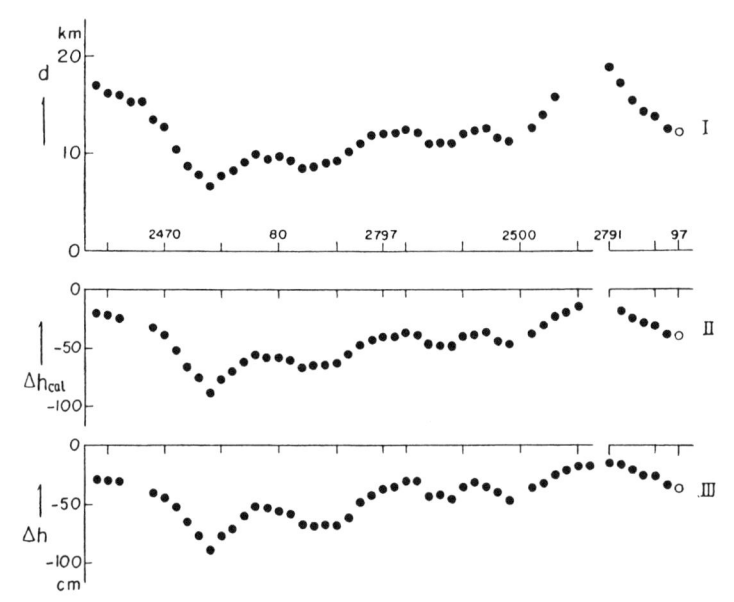

図 1.15 沈降中心 (A) からの放射状の距離 (d) と水準点の沈下量 (Δh) の関係 横軸は鹿児島湾沿いの水準点の番号，(Ⅰ)：A 点から水準点までの距離，(Ⅱ)：距離 d における水準点の理論から求めた沈下量 (Δh_{cal})，(Ⅲ)：実測された水準点の沈下量 (Δh)．(Ⅰ) と (Ⅲ) がよく似ている．

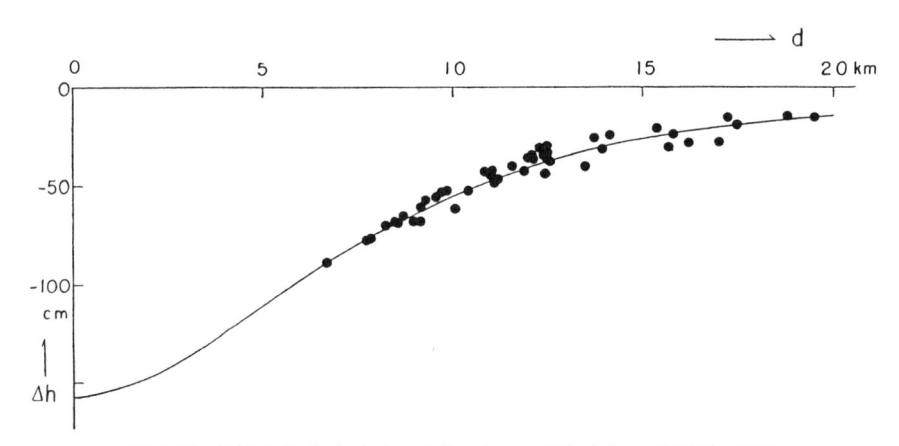

図 1.16 沈降中心 (A) からの水準点までの距離 (d) と沈下量の関係 曲線はこのモデルでマグマの深さを 10 km として計算した d と Δh_{cal} の関係．実測値と理論曲線がよく一致している．

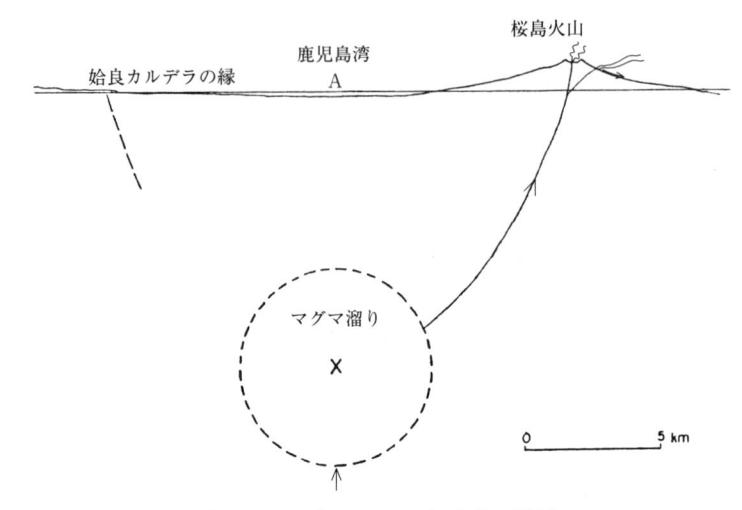

26　　　　　　　　　　　1. 三宅島の噴火と巨大群発地震

図 1.17 桜島火山とマグマ溜りの断面

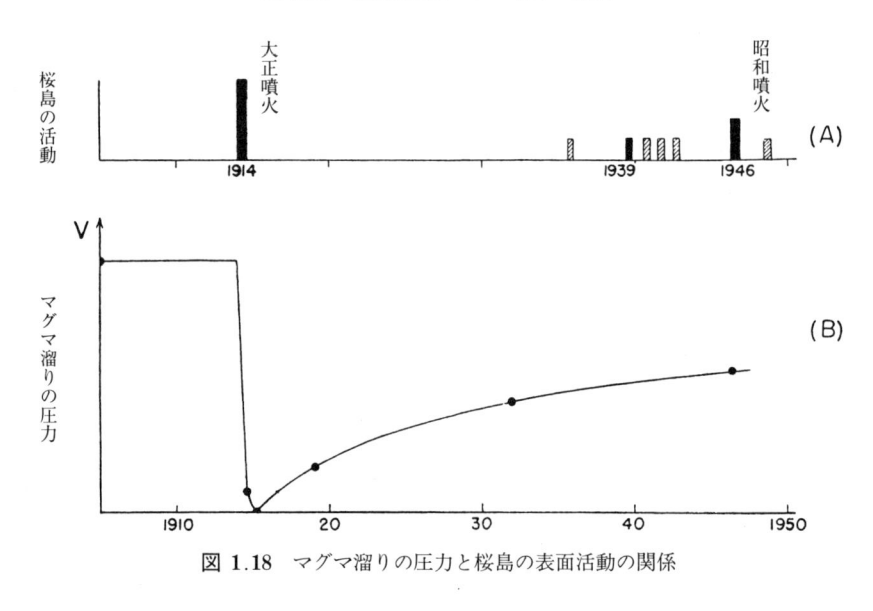

図 1.18 マグマ溜りの圧力と桜島の表面活動の関係

ているが，山川宜男 (1955) が地震の震源の問題として計算したのを用いた．地表面の変形は力源の深さによって変わる．この場合，深さを 10 km とすると実測値とよく合う．図 1.15 の中段（II）は力源の深さを 10 km とした場合の計算値を縦軸にとったものである．実測値（III）と計算値（II）を比較すると大

1.4 マグマ溜りは存在するか

表 1.1 桜島火山の表面活動（1900〜1950）

年	火山活動
1914（1〜6月）	大量の熔岩流出を伴った巨大噴火
1935（9月）	山頂での小爆発
1939（10月）	火砕流を伴った小噴火
1940（4〜6月）	小爆発
1941（4〜6月）	小爆発
1942（7月）	小爆発
1943〜1944	黒煙
1946（3〜6月）	熔岩流出を伴った大噴火
1948（7月）	小爆発
1950（6〜9月）	小爆発

変よく似ていることがわかる．

図1.16は縦軸に地盤の沈下量（Δh），横軸に沈下の中心A点からの距離（d）をとった場合の理論曲線と，水準測量による実測値（黒丸）を示したものであるが，両者の一致は見事なものである．

このような単純なモデルで桜島の大噴火の時に起こった大きな沈降を説明することができた．このことから推定される桜島火山とマグマ溜りの関係は図1.17に示すようなものである．マグマ溜りが姶良カルデラの中心の地下10 kmにあって，そこには地下深所から絶えずマグマが供給されている．マグマ溜りの圧力が限界に達して，カルデラの南の縁(へり)に沿って大量のマグマが桜島火山を東西方向の弱線で割って熔岩を流出したのが1914年の大噴火であった．大量の熔岩の流出によって，マグマ溜りの圧力は大きく低下し，姶良カルデラを中心とした広い地域が沈下したのである．

図1.18は大噴火後，マグマ溜りの圧力が再び増加しつつあること，それに伴って桜島の火山活動が静穏期から活動期に進んでゆく様子を示す．現在，桜島では山頂爆発を繰り返しているが，爆発による噴出量と深部のマグマ溜りへのマグマの供給量が同じ程度であると，この状態は今後も続くと思われる（表1.1参照）．

1957年に上述の考えを火山学会誌（和文）に発表したが，日本の学会の反応はごく冷たいものであった．ただ，当時北海道大学にいた佐久間修三はこの考えに理解を示し，彼自身があたためていたハワイのキラウエア火山の論文を送って，その中にあるデータを同じ考えで分析するよう激励してくれた．キラウエア

火山の火口周辺で2m以上の地盤の沈降が急に起こった時に水準測量などを行った結果を記述したR. M. ウィルソンの論文（1935）だった．

b. ハワイのキラウエア火山

この噴火は1924年に起こった．キラウエアカルデラの縁にある傾斜計が大きく変化し，火口底は沈降した．この噴火での地表での熔岩流出は少なかった．ウィルソンはこの噴火をはさんで水準測量（1921〜1927）と水平変動を測る三角測量（1922〜1926）を火口周辺の広い範囲で行った．その結果，地盤の広域の沈降と沈降中心に向かって三角点が集中するような収縮があったことがわかった．

図1.19の(b)図はそのデータをもとに地盤の沈降曲線と沈降の中心Aを示したものである．この沈降に地下のマグマ溜りの圧力の減少によるというモデルを適用すると，マグマ溜りが2つあること，1つはA点の地下3.5km，もう1つは25kmにあると求められた．図1.20に測定値とそれに合う理論曲線を示した．三角測量による三角点のA点に向けての動きも，ほぼこのモデルで説明される．1924年の噴火で地表での熔岩流出はごく少なかったのに，地盤の大規模な沈降と収縮があったのは，地下のマグマ溜りの圧力が急に大きく減少したためであるというモデルで定量的にも説明することができたのである．このマグマ溜りの圧力の減少はマグマが山体の地下を横方向にかなり長い距離（40kmぐらい）貫入し，最後はハワイ島南東沖の海底に流出したと考えられる．

私は今回の三宅島で同じようなことが起こったのではないかと考えたわけである．

このような，桜島とハワイを中心とした火山噴火と地殻変動をマグマ溜りの圧力の変化によるとして論じた論文（英文）を1958年に発表すると，米国をはじめ，世界各地の火山研究者から直ちに注目された．それ以来，この考えは国の内外で「茂木モデル」「膨張-収縮論」などと呼ばれて応用されている．

口絵2に最近の科学雑誌「ネイチャー」（2000年10月号，英国）に掲載されたガラパゴス島の火山の見事な隆起の図を示す．技術の進歩によって干渉合成開口レーダーを用いて地盤の高さの変化を求めるSARという方法が開発され，高さの変化を色の縞模様として得ることができる．この口絵2の左はSARによる火山の隆起量の変化の実測図であり，右は茂木モデルによる計算の結果である．この両方はほとんど一致し，この火山の隆起は地下3kmの深さにある小球状の

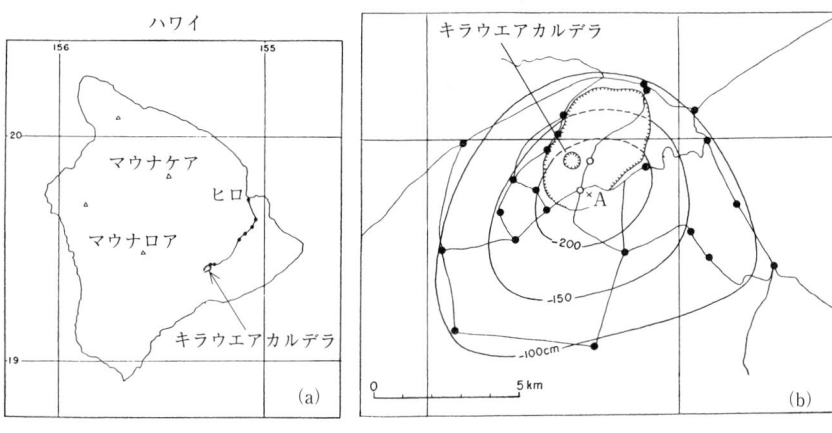

図 1.19　(a) キラウエア火山からヒロ市までの水準路線
　　　　(b) キラウエアカルデラ周辺の同心円状の地盤沈下曲線（データ：R. M. ウィルソン，1935）．A は沈降の中心（茂木，1958）

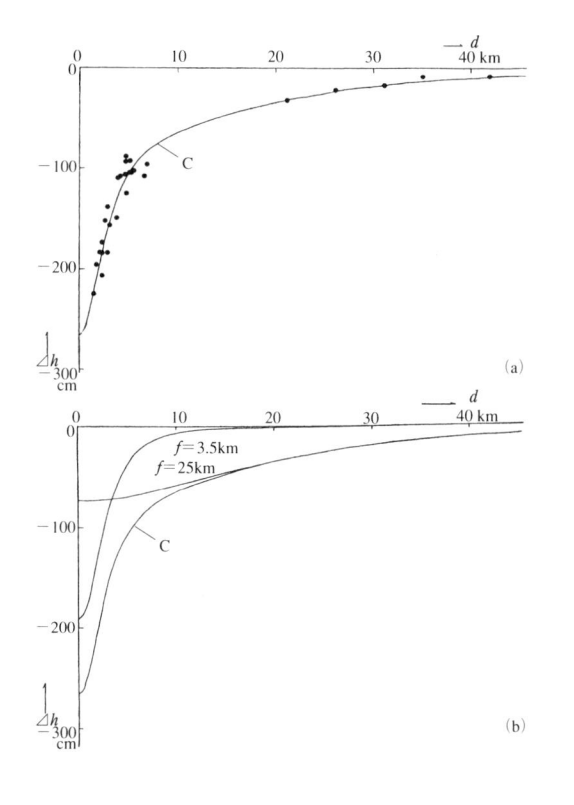

図 1.20 (a) 沈降中心からの距離を横軸にとって水準点の沈下を縦軸に示す．曲線は (b) 図から求めた理論曲線 (C)

(b) 火口近傍の沈降と遠方の沈降からマグマ溜り深さを3.5kmと25kmの2つあるとして両者を重ね合わせて求めた沈降の理論曲線 (C)

マグマ溜りの圧力の増加によるとしてよく説明できる．

　もちろん，この単純なモデルで説明できる場合がかなり多いが，もっと複雑なモデルを考えなければならない場合もある．いずれにせよこの単純なモデルが40年以上前に提案され，火山内部の動力学的研究が進み，また，火山噴火予知理論の基礎の1つとなった（岡田弘，1977）．なお，火山性地震，地球電磁気，重力の測定・解析による研究も並行して進められている．

2. 西日本における最近の大地震の続発
― 兵庫県南部地震と鳥取県西部地震と芸予地震 ―

高感度地震計による観測点（地震調査研究推進本部調べ，2000年3月現在）

2.1 大地震は地下のせん断破壊で起こる

これまで静かだった西日本で最近M7前後の大きい地震がたて続けに3回も起こった．本章ではこれらの地震について述べ，それがどういうことを意味しているかについて述べる．

その前に，どうして地震が起こるのかという基本的なことについての予備的な説明をしておく．地震が起こるのは地下の岩盤に力が加わり，それが限界に達して急激に破壊することによると考えられる．その力の加わり方には2つの場合がある．1つは第1章で述べた三宅島の噴火に関連して起こった群発地震のように，流体のマグマが岩盤に貫入したり，移動して力が加わり，岩石の破壊，すなわち，地震を発生させる場合で，火山性地震の多くは，このマグマの移動によって起こる．

もう1つはプレートのゆっくりした運動によって，岩盤に力が加わり，それが限界に達して破壊が起こる場合である．地球の表面はいくつものプレートと呼ばれる固い岩盤で被われ，プレートがそれぞれ違う方向に運動しているために，プレートの境界で大きい力が加わり，地震が起こる．プレートの境界では一方のプレートが他方のプレートの下にもぐりこんだり，互いに正面から衝突し合ったりする．日本列島の太平洋側にはもぐりこみ型のプレート境界があり，大小の地震が頻繁に起こっている．後者としてはインド大陸が北上してユーラシアプレートに衝突している例があげられる．この衝突でヒマラヤ山脈ができたが，そこでも大地震が繰り返し起こっている．

関東地震や南海地震は太平洋側のフィリピン海プレートが本州を乗せたユーラシアプレートの下にもぐりこむことによって起こったプレート境界の大地震である．このプレートのもぐりこみ運動に関連して，その近くのプレートの内部でも力が高まり，地震が起こる．図2.1に模式的にもぐりこみプレート境界におけるプレート境界地震とプレート内地震の関係を模式的に示した．本章で述べる3つの地震はいずれもプレート内地震である．

地震は岩石の破壊によって起こると述べたが，岩石に力を加えるとどのように破壊するのだろうか．固い岩石の直方体の試料に常圧下で上下方向の圧力を加えてゆくと，まず縦方向の割れ目ができ始め，それが増えていって，遂に爆発的に

2.1 大地震は地下のせん断破壊で起こる

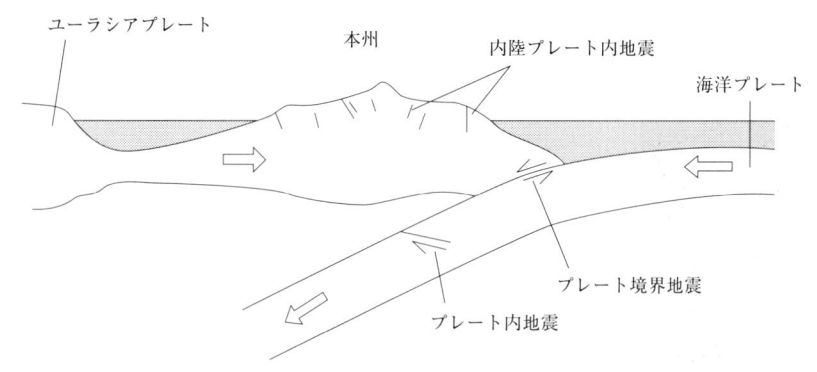

図 2.1 プレート境界地震とプレート内地震の模式図

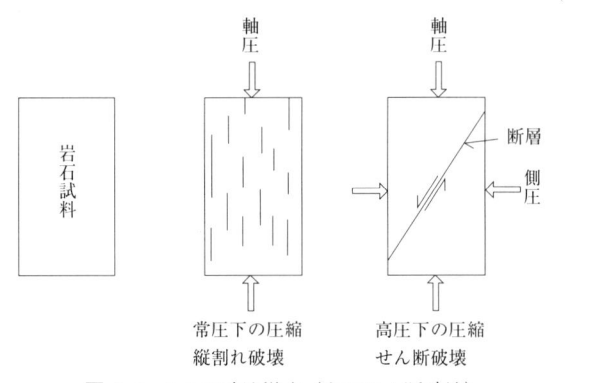

図 2.2 2つの破壊様式（右がせん断破壊）

飛び散る．しかし，地震が起こる地下深部は，高圧下にあり，側方からも力が加わる．そういう高圧下では，縦割れができず，斜めの断層面ができて，その面を境にくいちがうようなせん断破壊が起こる．図2.2にそれを模式的に示した．私は早くから地下深部と同じような複雑な力の状態を室内で再現した岩石の圧縮破壊実験を行ってきたが，図2.3はこのような高圧下のせん断破壊の代表的な例である．こういう実験で，なぜ地下の深所では断層が生じ，その方向と力がどういう関係にあるのかが明らかになってきた．

次に，よく話題になる活断層について簡単に述べる．「活断層が地震を起こす」などということを活断層の専門の人が書いているのを見たことがあるが，これは誤解を与える．地下は高圧下にあるのでせん断型の破壊となることは上述の通りである．したがって，「地震は地下の岩石の急激なせん断破壊で起こる」という

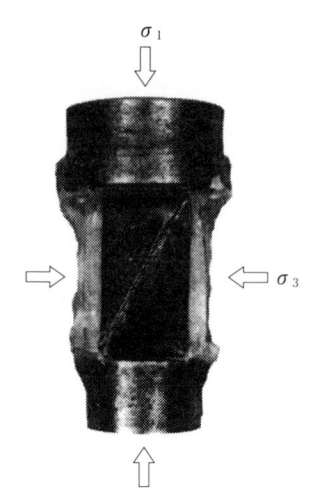

図 2.3 地下深部で想定される3軸圧縮応力下の岩石の破壊．σ_1 は最大主圧力，σ_2 は中間主圧力（紙面に垂直），σ_3 は最小主圧力．このような高応力下ではせん断破壊によって断層運動が発生し，断層面は σ_2 に平行になる．岩石試料はドロマイト．

のが正しい．断層面が比較的浅く，その一部が地表に現れたのを地震断層と呼んでいる．ひとたび断層面ができると，ほかの所よりも動きやすいので同じ断層面ですべりやすい．このような同じ断層面のすべりを何回も繰り返し，それが浅い所で起こっている場合は地形にも現われるようになる．過去数十万年以降繰り返し活動し，地表に傷跡として認められたものを活断層と呼んでいる．したがって，活断層のある所では将来地震が起こる可能性があるという考えが多い．しかし，1つの断層の繰返し間隔が長いので，地震の切迫性を判断するのはむずかしい場合が多い．また，当然のことながら，深さによって，活断層が認められていない所でも大きい地震が起こることがある．鳥取県西部地震はそういう所で起こった．

　第1章では<u>マグニチュード（M）</u>について説明をしないで用いた．ここで簡単にふれておく．震度は地震が起こった時に，その場所でのゆれの程度を示すことは，最近，テレビで地震が起こるとすぐ多くの地点での震度を報じるので実感としてわかってきた．それにくらべるとマグニチュードの方がややわかりにくいかもしれない．これは地震の規模を表わすもので，リヒターという米国の地震学者が最初に提案した．震源から一定の距離にある地点で同じタイプの地震計で地震波を記録した場合の最大振幅は，地震の規模が大きいほど大きいということを利用した尺度である．若干の工夫をすれば，距離が違っても，地震計のタイプが違っても使うことができる．日本で現在使っているMはリヒターのやり方を日本

でも使えるようにしたもので,気象庁が発表している.

この方法が大変簡単であり,地表面のゆれの程度をよく表わしているので,大変便利であり,工学の人々にとっても都合がよいので,一般にこの気象庁のマグニチュード（MまたはM_J）が広く用いられている.ところが,非常に大きい地震についてはその規模をよく表わすことができないことがわかってきた.たとえば,断層の長さが100 km位の関東地震も,1,000 kmもあるチリ地震もM 8程度と求められていて,明らかに実体をよく表わさないのである.それは大きい地震では長周期の波が卓越してくるのに,普通に使用している地震計が捉えることができる地震波の周期が短いために,ある程度以上大きい地震の波の主要部を記録できなくなるためである.大きい地震にも適用できる規模の尺度としてモーメントマグニチュード（M_w）が金森博雄によって提案され,広く用いられるようになったのは比較的近年である.これは断層面の大きさとずれの量できまるもので,地震の放出エネルギーをよく表わす.但し,その値を決めるのに若干の時間が必要である.最近,気象庁は試験的に大きい地震についてM_wも発表することを始めた.M 6.5程度以下では従来のMと変わらない.

2.2 西日本の大地震の長期予測

地震予知連絡会（場合によって,予知連と略す）は1969年に発足した.この会は文部省（現文部科学省）測地学審議会の建議にもとづいてできたもので,建設省（現国土交通省）国土地理院長の私的諮問機関で,大学教授と国の関係各機関の専門家30名の委員で構成される.世界でもはじめてのこの会を作るに当たって指導的役割を果たした萩原尊禮が初代会長に就任した.

予知連は関係各機関の情報を交換し,それにもとづいて地震予知に関する総合判断を行うことを目的とし,定期総会,臨時総会及び部会を開く.会の終了後は記者会見で主な内容を説明し,広報するという方式をとってきた.総会に提出された全資料は地震予知連絡会会報として出版,公開され,重要な資料となっている.昨年（2000年）,30周年を迎えたが依然として活発な活動を続けており,2001年2月刊行された予知連会報第65巻は722頁に達した.

予知連はその発足まもない1970年に,近い将来,大きい地震が起こる可能性が高いと考えられる地域の指定を行った.一般社会の注意を喚起すると共に,重

点的に観測を実施するためであった．しかし，第3章で述べるように，観測のための予算は少なく，重点的な観測を思うように実施できない状況が続いてきた．

1978年に「地域指定」の見直しを行って広く公表した．この見直しでは，今後20～30年ぐらいの間にM7クラス以上の地震が内陸ないし沿岸部で起こる可能性のある所として，「東海地域」と「南関東」の2か所を「観測強化地域」とし，ほかの8か所を「特定観測地域」という要注意地域に指定して今日に至っている．図2.4にこの地域指定マップと，1978年から2001年4月までに内陸ない

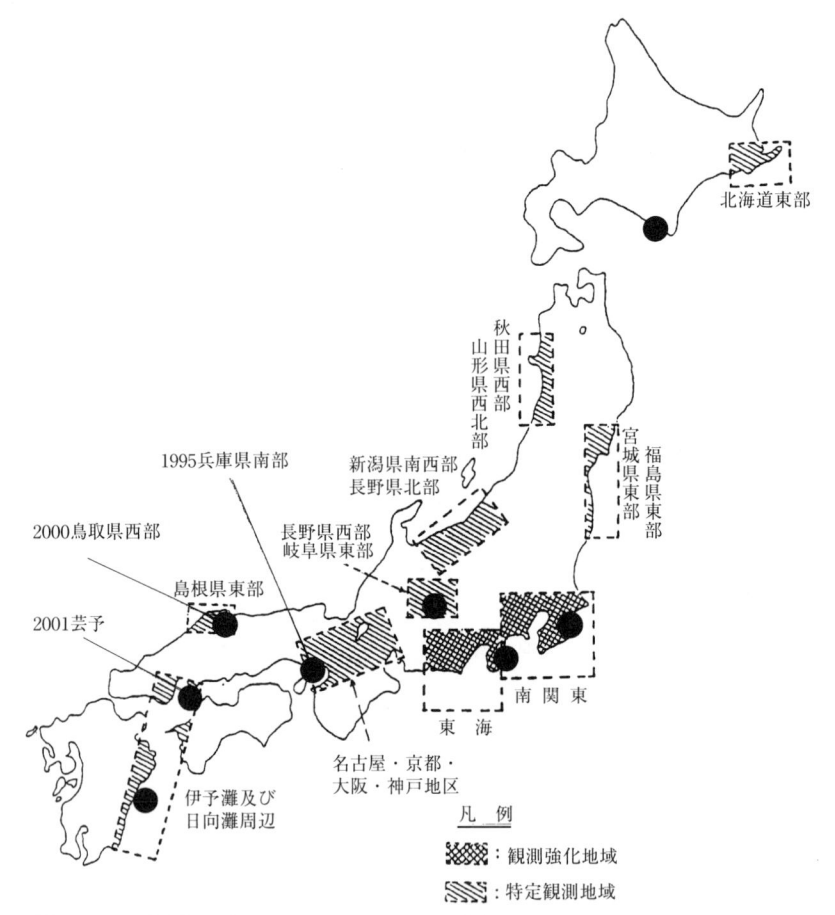

図2.4 地震予知連絡会による観測強化及び特定観測地域一覧図（1978年8月21日指定）と，指定以後に内陸・沿岸部で起こったM6.7以上の浅い大きい地震（黒丸）

し沿岸部で起こった M 6.7 以上，深さ 60 km よりも浅い地震をプロットしてある．指定地域は全国面積の 2 割をめどとした．1978 年以来，対象となる地震は 8 回起こったが，そのうち 7 回が指定地域内で起こったことがわかる．20〜30 年の長期予測がほぼ妥当だったといえよう．

　この地域指定のマップは，その指定の理由をつけて，国土庁（現国土交通省）が毎年「防災白書」で発表し，公開し続けてきた．したがって，少なくとも政府の防災担当者はもちろん，各地方自治体の防災担当者はこのことを知っているべきであり，このことを市民に伝え，可能な限りの防災対策を講ずるべきであった．

　ところが，1995 年兵庫県南部地震（M 7.3）が神戸の直下で発生し，阪神・淡路大震災をひき起こした時に，この地域がそういう要注意地域であることを自治体の首長をはじめ，ほとんどの市民が意識していなかった．さらに不思議なことに，阪神・淡路大震災の翌年から，防災白書から「特定観測地域」などの要注意地域を明記したマップ（図 2.4）が掲載されないようになったのはどういうわけであろう．

　兵庫県南部地震発生の翌日に開いた臨時地震予知連絡会の後の記者会見で，私は会長見解として「西日本が活動期に入った可能性があり，注意すべきである」と発表した．その約 6 年後の 2000 年 10 月 6 日に鳥取県西部地震（M 7.3）が山陰地方で唯一の「特定観測地域」で発生した．10 月 10 日に臨時地震予知連絡会を開いて検討したが，会の後の記者会見で，再度，会長見解として「西日本は地震の活動期に入った可能性が高いので注意が必要だ」と警戒をうながした．私はさらに 2001 年 2 月 1 日の山陽新聞で「西日本は活動期に入ったか―内陸直下型の多発期に―兵庫，鳥取と続き注目」の見出しで，六段ぬきの論説を書き，西日本は地震に注意すべきときであることを強調した．その約 2 か月後の 3 月 24 日に，やはり「特定観測地域」に指定していた安芸灘で M 6.7 の芸予地震が起こったのである．

　このように，予知連が大局的な予測をしていた所で次々と大きい地震が起こった．地震の要注意地域であるという情報があったのに，それを防災白書からはずし，それを活用しなかったのは残念である．このような長期予測の経験をふまえ，現時点での各種の地殻活動の情報を適切に活用して，地震危険度マップを作成し，地震に対する長期的災害軽減対策を推進させることが重要である．

短期予知の問題については第3章で述べる．

2.3 1995年兵庫県南部地震（M 7.3）

a．阪神・淡路大震災

1995年1月17日の早暁，明石海峡を震源とするM 7.3の浅い大地震が発生した．兵庫県南部地震である．明石海峡の地下で始まった破壊は，一方は南西方向の淡路島北部へ，一方は北東方向の神戸の市街地の北西側に沿って進行した（図2.5）．この地域を走る北東–南西方向の六甲–淡路断層系の活断層の急激な横ずれ運動によるもので，その震動は極めて激しかったために，神戸・西宮一帯および淡路島北部に甚大な災害をもたらした．この「阪神・淡路大震災」では死者6,430人，重軽傷者43,773人，全壊家屋104,910棟，半壊家屋144,256棟（1997年12月調べ）という大災害となった．

この大地震はわが国の震災対策の問題点を端的に示すものともなった．これまで安全だといわれていた日本の高速道路やビルが無残に倒壊し，新幹線や電車の鉄橋なども大きな打撃をうけた．また，死者の多くが古い木造家屋の倒壊による

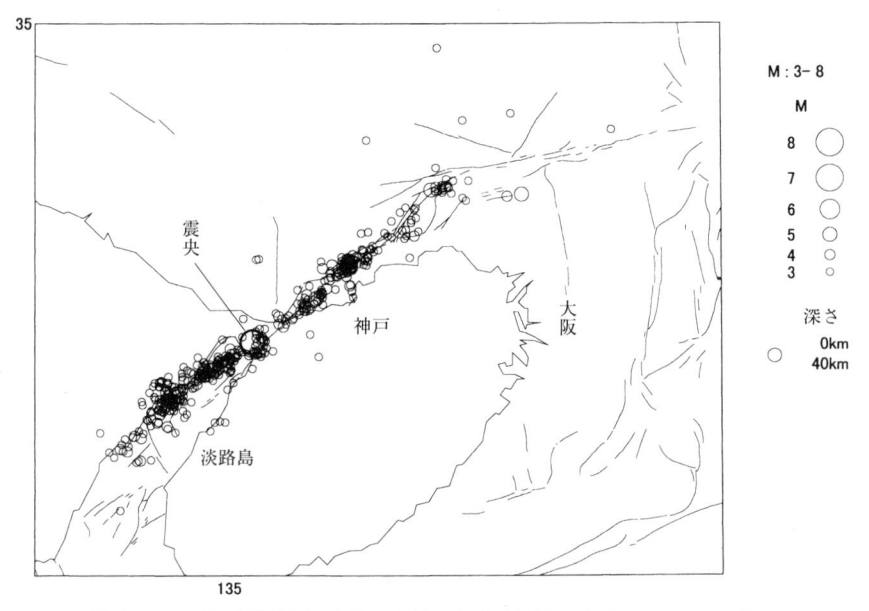

図2.5　兵庫県南部地震の本震と余震．実線は活断層（1985.1.17～2.16）．

ものであり，その低い耐震性がクローズアップされた．さらに，地震が起こった直後の政府・地方自治体の対応が迅速さに欠け，危機管理の体制に大きな欠陥があることが露呈された．

　M 7.3 という大地震が百万都市神戸の直下の浅い所で起こったことは気象庁がすばやく報じたのであるから，その被害が大きいものであると考えなければならないはずであった．1948 年の福井地震は大きさもほぼ同じ M 7.1 で福井市直下で起こったが，福井平野のほぼ全域で家屋の全壊率が 60% を越え，中央部では 80% を越えた．福井市では 1 万 5,000 余戸のうち，1 万 2,000 余戸が全壊した．全体として死者は 3,728 人に達した．1943 年の鳥取地震（M 7.2）は鳥取市の直下で起こったため死者は 1,083 人に達した．こういう教訓がほとんど生かされなかった．

　兵庫県南部地震が起こったときに，行政関係者や市民から出た声は，西日本あ

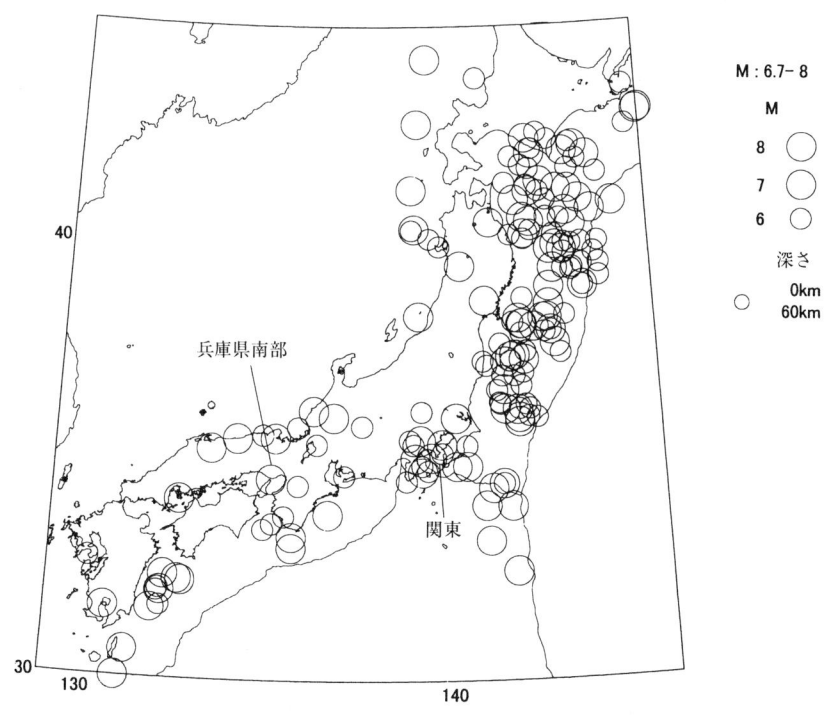

図 2.6 　最近 100 年間（1900.1～2001.4）に日本列島及びその近海で起こった M 6.7 以上，深さ 60 km より浅い地震の分布

るいは関西では地震が起こらないと思っていたのにどういうことか，というものであった．たしかに，関東では1年間に有感地震（体に感じる地震）が50回ぐらい起こるのに，西日本では4～5回起こるだけで，日常的に地震を体験することが少ない．しかし，じっさいは関西を中心とした西日本では大きな地震がたびたび起こっている．図2.6は最近の100年間に日本列島とその周辺（南西諸島以南は含まない）で起こった浅い大きい地震（M 6.7以上，深さ60 km以内）の分布を示したものである．海域で地震が多いことがわかるが，内陸と沿岸部に注目すると，次の2つの地域で多発している．1つは関東地方で，1923年関東地震が発生し，その前後に非常に活動的であったためである．もう1つは関西地方とその隣接地域で，多くの地震が集団となって起こっていることがわかる．本節で述べる1995年兵庫県南部地震もまさにこの集団の仲間であることがわかる．

前節で述べたように，地震予知連絡会は1970年に「阪神地区」を特定観測地域に指定し，1978年の改訂にあたっては「名古屋・京都・大阪・神戸地区」を指定した（図2.4参照）．短期予知をできる体制になかったことは第3章で述べるが，この地域が地震の要警戒地域であることを一貫して警告してきたのである．大地震はこの指定地域の西端で起こった．

この地震の前，私は，近年，日本列島の被害地震の起こり方の異常さを感じていた．被害を及ぼす地震というのは大部分内陸ないし沿岸部で起こる大きい地震であるが，それがこれまでと比べて近年少なすぎることが気になっていたのである．

そこで，神戸の地震の前の年である1994年に，日本学術会議の講堂で開催された地震学会と日本学術会議共催の「地震予知研究シンポジウム」の挨拶で壇上に立った時，普通は挨拶とは形式的なものであると思うけれども，私は最近のほぼ50年間大きな震災がほとんど起こっておらず，これは異常というべきで，近い将来，大地震が起こる可能性があるので注意すべきことをOHPを使用して話した．その時の4枚の図のうちの2枚が，図2.7と図2.8である．

図2.7に1800年以来の約200年間の日本列島とその周辺で起こった地震による死者の数を縦軸にとり，横軸に時間をとって示した（上段）．下段の図はM-Tグラフである．大きい地震がほぼ定常的に起こりつづけている．それは日本海溝側などの海底の地震が定常的に起こっているためである．ところが，上段に示した地震による死者の数の変化には別の特徴が見られる．震災はほぼ内陸と沿岸

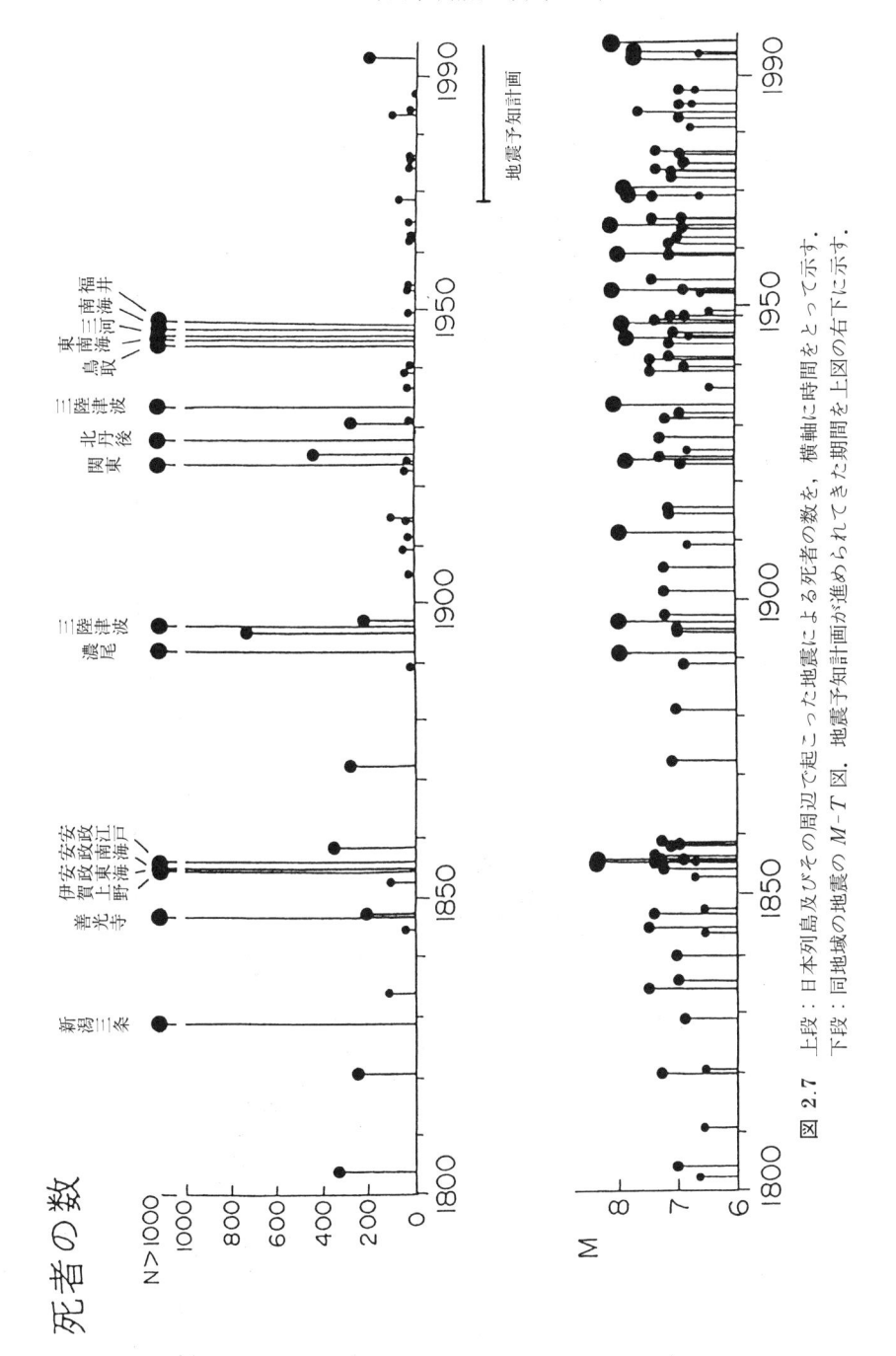

2.3 1995年兵庫県南部地震（M 7.3）

図 2.7 上段：日本列島及びその周辺で起こった地震による死者の数を，横軸に時間をとって示す．
下段：同地域の地震の M-T 図．地震予知計画が進められてきた期間を上図の右下に示す．

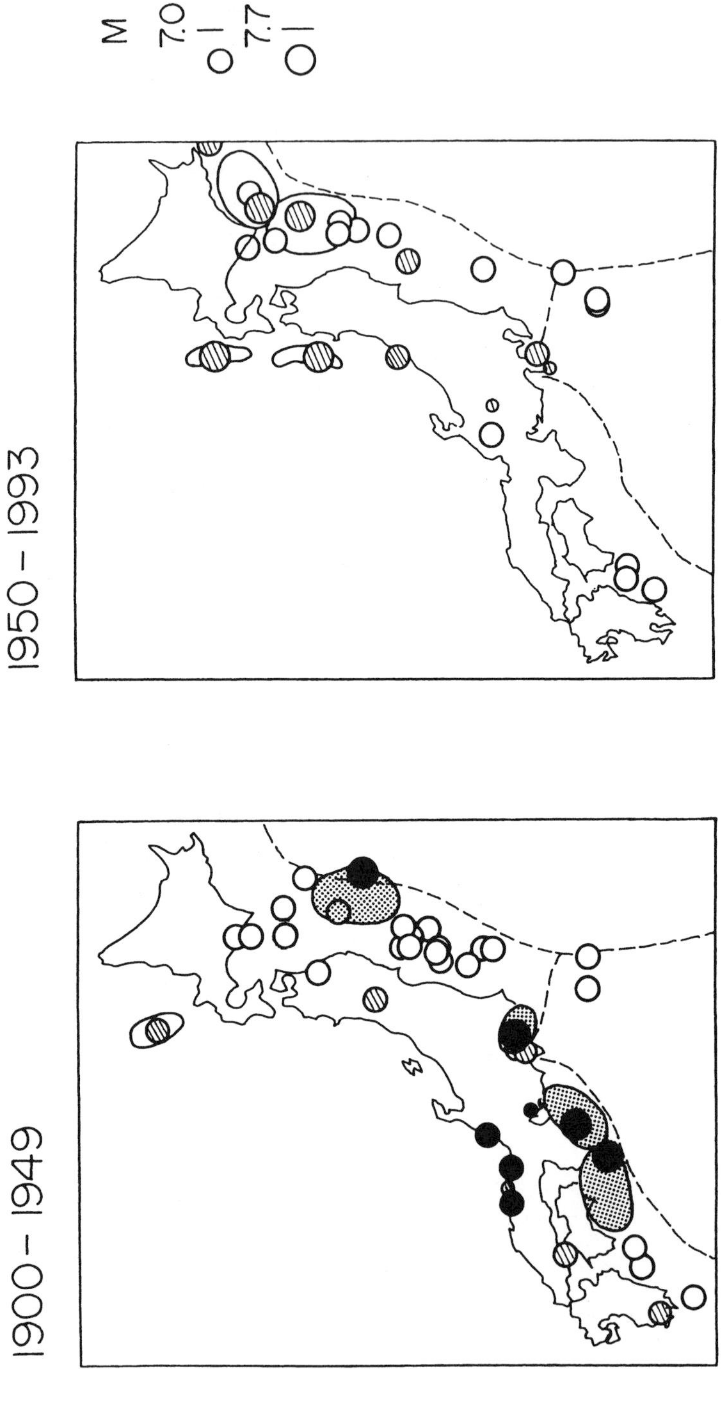

42   2. 西日本における最近の大地震の続発

図 2.8 今世紀の前半 (1900-1949) と後半 (1950-1994) に起こった M 7.0 以上の浅い地震の分布. 黒丸印は死者 1,000 人以上, 斜線のある丸印は 10〜1,000 人, 白丸印は 10 人以下を示す. 大被害地震は前半に多数起こったが, 後半は大地震が主に海域で起こったために被害が少ない.

部で起こった地震によるものであるが，1950年までの150年間に死者1,000人以上を出した大震災が16回もある．つまり，平均すると10年間に1回の割合で起こっているということである．その中には，14万人の死者・行方不明者を出した関東地震も含まれる．

ところが，1950年以降の50年間にこのような大震災は1回もない．このような平穏な状況がこれからも続くとは考えられないと述べ，図2.8に最近の100年間の地震分布図を1950年の前後に分けて示した．前の期間の図中で黒丸で示した大震災が関東より西の，特に関西地方に集中していることを指摘した（三陸沖の黒丸は津波による被害のあった地震である）．一方，1950年以降は黒丸が1つもなく，特に西日本が極めて静穏であり，静かすぎて注意すべきであると思った．私としてはこの「挨拶」が人々に危機感を与えることを期待したが，地震研究者からも，マスコミの人々からも何の反応もなかった．

私はこのような地震活動の経過や分布の状況は注意を要すると感じ，この年に出席したすべての会，すなわち，このシンポジウムと日米地震予知研究シンポジウム，大阪市での直下型地震を考える会，定例の地震予知連絡会の4つの会で同じ図面を見せながら，大きい被害地震発生の可能性を示唆した．翌年の1995年の正月早々，朝日新聞の記者が大学の研究室に取材にきたので，現状がいかに異常であるかを説明し，図面まで渡したが報道されなかった．地震が阪神地区を直撃し，大震災が起こったのはその数日後だった．

地震発生の報道をテレビで見ながら，もっと強く注意を喚起すべきだったと悔やまれた．1月17日は「東海地震」の判定会の定例打合せ会の日だったので，朝のうちに直ちに地震予知連の事務局に翌日の臨時予知連絡会の開催の手配をたのみ，午後の定例の判定会打合せ会に出席した．会議後いつものように判定会長としての記者会見を行ったが，記者たちの関心は神戸の地震にあり，今回の地震について明日臨時の予知連絡会があることを伝えた上で，今回の地震についての私個人の見解を述べた．その結果，翌日の新聞は「関西は活動期に―と茂木判定会長」との見出しで報じ，記者会見した茂木会長は「関西の地震が活動期に入った可能性がある」と指摘したと報じた．これが今日に至る関西を中心とした西日本活発化説の始まりである．

このような私見をやや独断的に述べたのは，1960年代末から西日本の地震の起こり方の特徴を研究し，その活動の推移を見守ってきたからである．

翌日の18日に臨時予知連絡会を開いて観測データを検討し，西日本が活動期に入った可能性があるとして，「同地域における地殻活動の調査，観測を強化してゆく必要がある」との見解をまとめた．その後の活動の推移は前節で述べた通りである．

b. 本震と余震

1995年兵庫県南部地震はこれまで長期間静穏で，地震のことにあまり関心がなかった地方で突発的に起こった．震源は明石海峡の地下で，破壊は六甲-淡路島の断層帯に沿って起こった（図2.5）．この断層帯を含めて近畿地方には活断層が密集していて注目されていたが，この六甲-淡路断層帯は藤田和夫や松田時彦らによって要注意断層として特に注目されていた．今回の地震はこれらの地質学者が予想していた通りの場所での右横ずれ断層タイプだった．

図2.9はGPSで観測された地盤の水平移動を示す．今回動いた断層が細長い帯で示されているが，断層の北西側は北東方向へ，南東側は南西方向に動いた．こういう断層運動を起こしたのは東西の方向の圧縮力である．

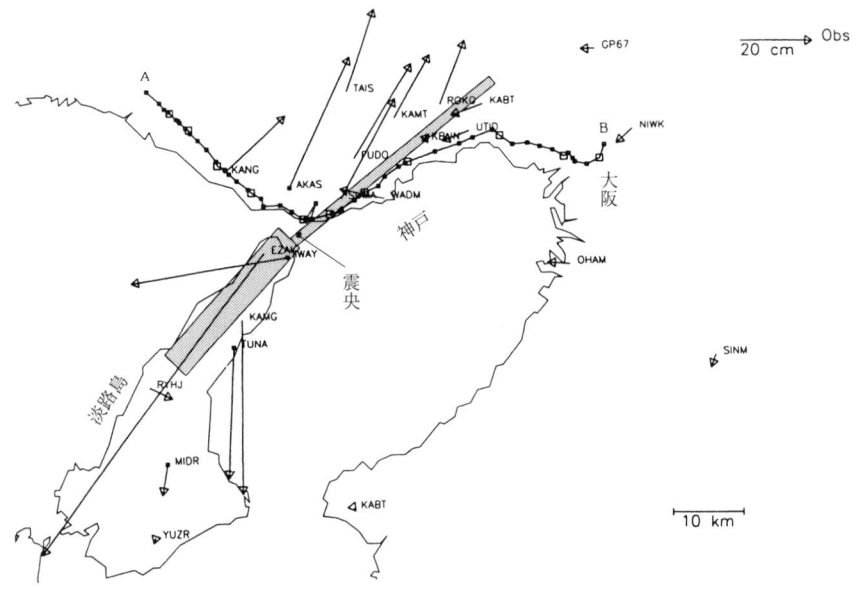

図 2.9 兵庫県南部地震で動いたと想定される断層とGPSによって観測された地盤の水平移動（吉田真吾ら，1996）

2.3 1995年兵庫県南部地震（M 7.3）

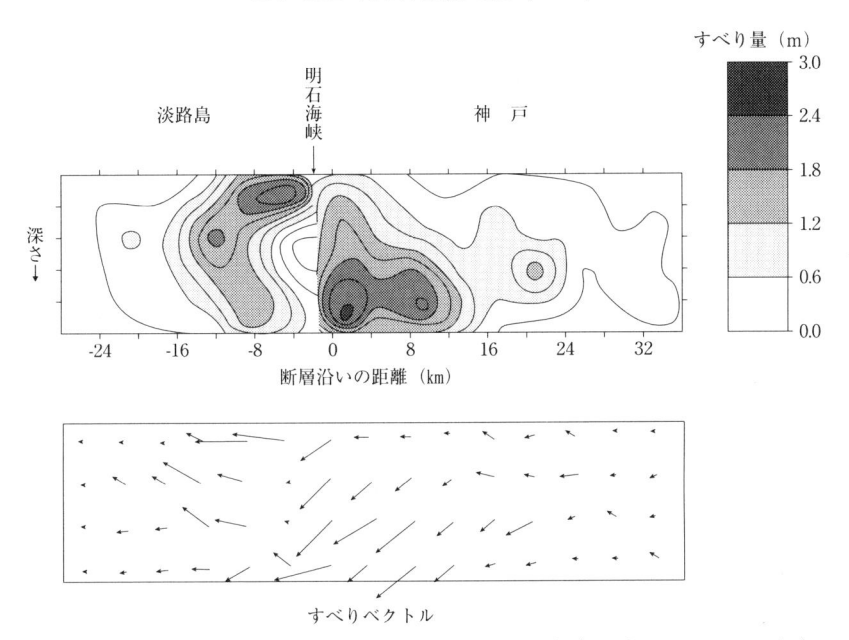

図 2.10 1995年兵庫県南部地震の断層面上のすべり量（上）とすべりベクトル（下）（吉田真吾ら，1996）

図2.10は地殻変動と地震波形をもとに求めたこの断層面のすべり量である（吉田真吾ら，1996）．この図からわかるように，明石海峡の淡路島側では浅い所で変位が大きく，神戸側ではやや深い所での変位が大きい．この図から見てわかるように40 km位の長さのほぼ垂直の断層面が最大3 mほどすべった．この地震断層が地表に達したのは淡路島の北部の北淡町の野島断層だけで，その北西側が20〜30 cm沈下した．ところが，明石海峡より東の神戸側では北西側（六甲山地に当たる）は逆に隆起した．このように，この地震では明石海峡でつながる2つの断層が動いたが，すべりの出発点である明石海峡を境に違う運動をしたことがわかった．なお，この時の地盤の上下変動を干渉合成開口レーダーによって画像化した結果（国土地理院）を口絵3に示してある．

今回の阪神・淡路大震災で大きな被害があったのは神戸側である．6,000人の死者を出し，建物や鉄道などに大きな被害があった．しかし，地表面をいくら調べても断層が動いた所は見つからなかった．阪神・淡路大震災で一躍有名になった「活断層」が動いた証拠は神戸側では見られなかったのである．地下で断層が動いたことは間違いないが，あれだけの大地震があったのに，従来の地表の地質

調査法では断層の運動を検出できなかった．これは1つの重要な教訓である．

　神戸側で大きな被害が出たが，この位の大きさの地震としては特別に異常に強かったわけではない．神戸や西宮が六甲山と大阪湾の間の細長い空間に発達し，いざというときに利用できる防災空間が少なかったことと，敗戦後に立てられた古い木造家屋が多かったために被害が大きくなった．この細長くて過密の百万都市の直下でそれに沿うように地下の断層が動いたのは悲劇であった．我々は過密化が進む都市を目の前にして，防災空間の重要性を以前から主張してきたが，災害が終わると多くの人々はすぐに忘れてしまうようである．過密都市が危険なことは，6年後に鳥取県西部地震（M 7.3）が起こったのに1人の死者も出なかったことと比較すれば一目でわかることである．

　今回の地震で気象庁は震度7の激震地が神戸から西宮の帯状にあったことを発表したことで，これまでになく強い震動があったと思われているふしがある．1948年の福井地震までは震度6を最高としていたが，福井地震後家屋の倒壊が30％以上などの激しいゆれに対して震度7を適用することとした．前にも述べたように，福井地震では80％以上の家屋の倒壊があった地域があったし，1923年の関東地震では小田原地域では70％以上の家屋の倒壊や崖崩れがあり，湘南地方や房総半島南端の相模湾岸一帯で30～70％以上の家屋の倒壊があって現在の震度7に当たる激震だったと考えられる．神戸のゆれが史上初めての震度7であると誤解してはいけない．現在，震度は震度計で測定されている．

　1月17日の本震の発生後は多数の余震が続いたが，順調に減少している．但し，この地震の断層の北東延長部に当たる京都から丹波山地では小さい地震の活動が活発で，今後注意して見守ってゆく必要がある．大きい地震が起こったあと，その隣りで地震が起こるという例があるからである．

　今回の地震はM 7クラスで，これまでの観測体制では直前予知は一般にできる状態にはないことはこれまで繰り返し発表してきた．この短期予知については次の章で述べる．本章では，今回の地震について，今後，予知のための資料となるいくつかの事実が観測されたことについて述べるにとどめる．

c.　本震前の変化

　兵庫県南部地震が六甲-淡路活断層帯で起こったが，わが国の内陸の活発な活断層には1,000年に1回ぐらいの間隔でM 7級の地震が起こるものがある．しか

2.3 1995年兵庫県南部地震（M 7.3）

し，繰り返しの間隔がそのように長いので，その発生の時期を従来の地質調査法で推定するのは困難である．

そのため，発生の時期を推定するためのほかの各種の方法が研究されている．その1つは地震活動の変化に注目する方法である．

図2.11は近畿地方の中部に起こったM 4.0以上の比較的大きい地震の起こり方を調べたもので，1930年頃から整備された気象庁のデータを用いた．図の最上段はその地震分布図である．これをA，B，Cの3地域について縦軸にMをとり，横軸に時間をとって地震活動の変化を見た．A地域は兵庫県南部地震の震源域とそのごく周辺の北東-南西方向の帯状地域，B地域は北西-南東方向の活断層である山崎断層沿いの活動を含む地域，C地域は常時活動の活発な丹波山地を含む地域である．

BとCのグラフを見ると1930年以降の活動はほぼ定常的で大きな変化は見られない．それに対して，A地域では1930年から1965年頃までM 4～5の地震がかなり頻繁に起こっていたのに，1966年以降は全く起こらず，活動が低下した状態が続いて，1995年のM 7.3の大地震が発生した．この大地震前の活動低下が地震の前ぶれであったと思われる．このような大地震の前の静穏化は他の地震でもよく見られる現象である．したがって，このことに気がついていれば，場所と概略の時期の予測に有効な手がかりが得られた可能性があった．しかし，私がこのことに気がついたのは，残念ながら地震発生の直後であった．このような調査は機械的に実行できるのであるから，これからは関係機関で定常的に実施すべきであると思う．

図2.12は京都大学の渡辺晃による微小地震（M 1.0以上）の起こり方を示したものである．上図aの中の星印が兵庫県南部地震の震央で，ABで示した長方形の範囲内で大地震が起こった．この図は1976年から大地震の本震発生までの微小地震の分布図を示す．明石海峡で地震が密集していることがわかる．

下図bは縦軸にBからAに向けての距離をとり，横軸に時間をとった時空間分布図である．bでわかるように，本震の直前に4回の前震があった．この図を見ると，4年前位から微小地震も減少していたことがわかる．ただし，微小地震の静穏化は一様ではなく，本震が起こった淡路島側と神戸側にわかれて進行し，明石海峡では活動が直前まで続いていたことがわかる（この図の中のカーブは私が加筆したものである）．地震の起こり方から見ても，明石海峡は異常な所であ

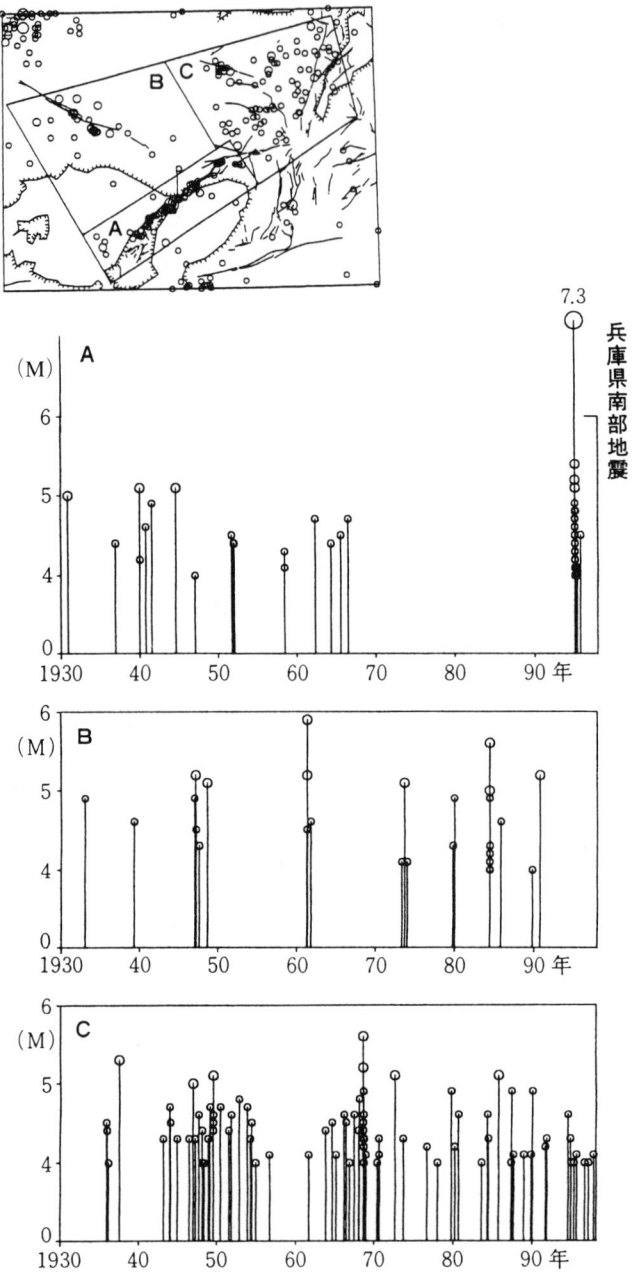

図 2.11 近畿地方中部の A, B, C の 3 つの領域の地震活動の時間的変化 地図の中の実線は活断層.

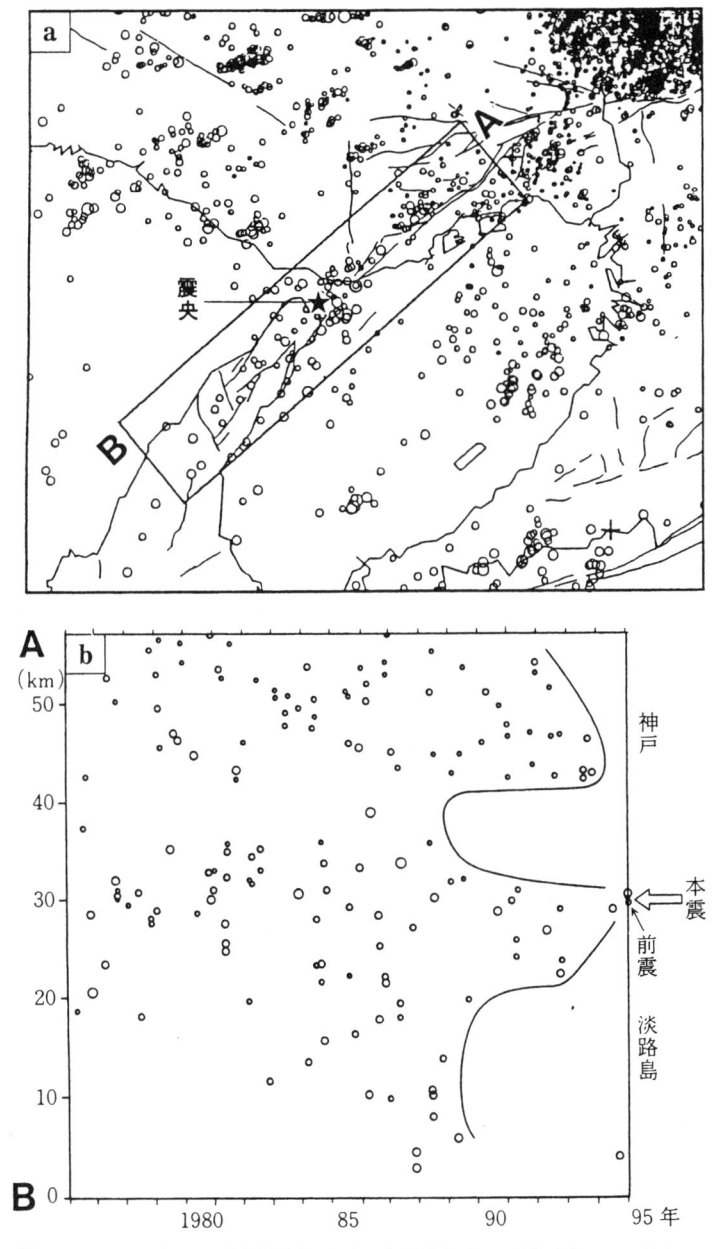

図 2.12 1976 年から兵庫県南部地震の本震発生までの震源域とその周辺の微小地震分布 (a) と震源域の地震の時空間分布 (b)
(渡辺晃による．b 図の曲線や本震の位置は筆者が加筆)

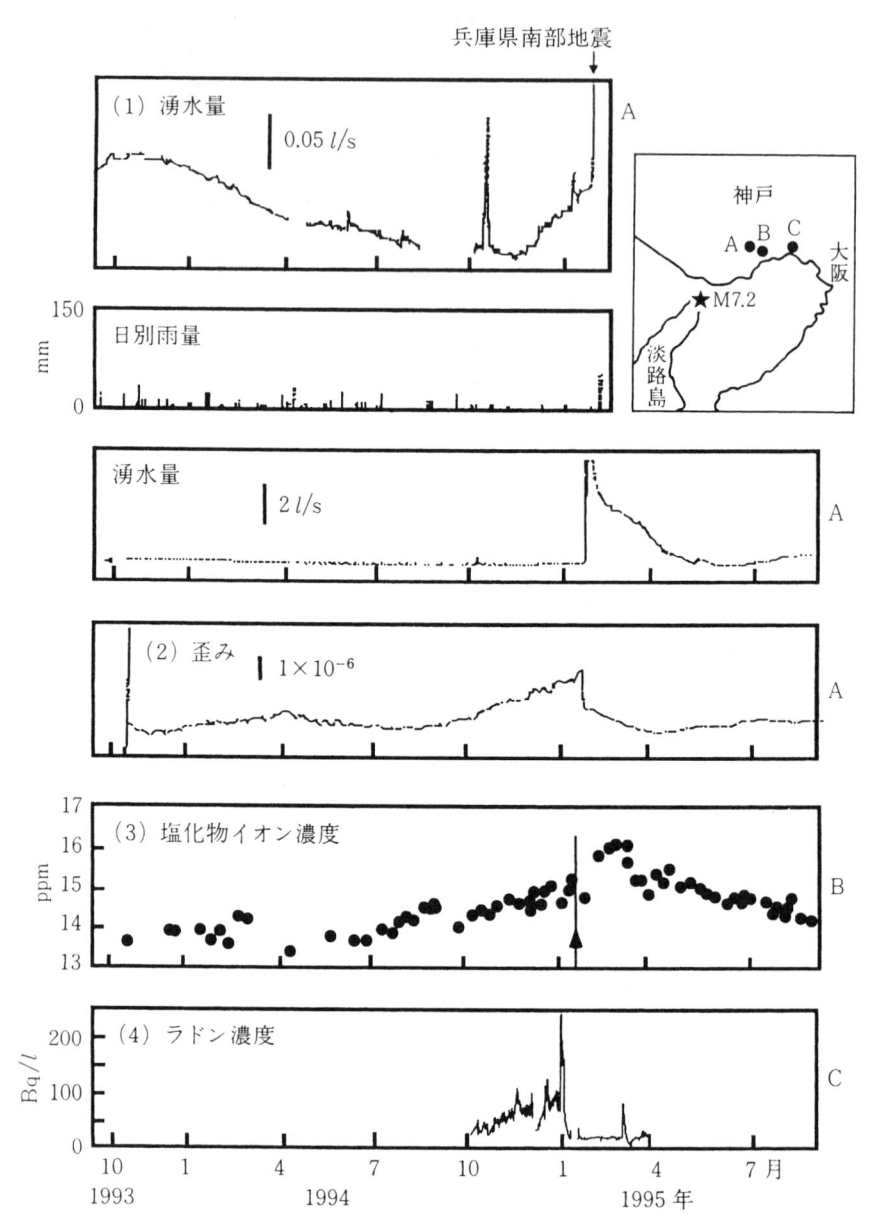

図 2.13 地震前後の地下水の湧出量,地盤の歪み,地下水の化学成分の変化（片尾浩ら,1996）

り，そこに応力が集中し，大地震はここからスタートしたのである．

地震以外にもいくつかの前兆的変化があった．図2.13に片尾浩と安藤雅孝がまとめた（1）地下のトンネル内の湧水量の増加（降雨がなかったのに増加した），（2）トンネル内で測定していた地盤の歪みの増加，（3）B点での地下水の塩化物イオン濃度の増加，（4）C点での地下水のラドン濃度の変化を示した．

この図で注目されることは，異なる場所で各種の変化がほぼ同時にみとめられたことで，兵庫県南部地震の前兆であると思われる．

今回の地震では，地震直前の電波の異常がいくつか報告された．特に，芳野赴夫によると地震の直前に明石から神戸に向かって走行していた長距離トラックのラジオのノイズが震源域に入ると異常に高くなって聞きとれなくなったという．

これまで述べてきた地震前の変化はほとんど地震後の調査でわかったことである．兵庫県南部地震の短期予知はできず，突然発生し，大災害をもたらした．しかし，これらの結果は地震予知の可能性があるかもしれないということを示唆している．

2.4 2000年鳥取県西部地震（M 7.3）

1995年兵庫県南部地震から約6年後の2000年10月6日午後1時半に鳥取県と島根県の県境で浅い大地震（M 7.3, 深さ11 km）が起こった（図2.14）．この2000年鳥取県西部地震で負傷者138名，家屋全壊183，半壊1187などの被害

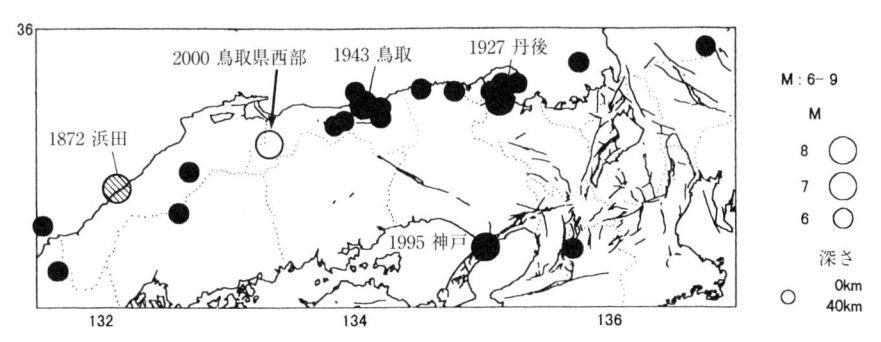

図 2.14 中国・関西地方で1920年以降（1920.1.31-2000.10.1）起こったM 6以上の浅い地震（浜田地震も加えてある）
実線は活断層．2000年鳥取県西部地震は日本海沿岸に沿った地震帯の空白域で起こったことがわかる．なお，この地震と関係づけられる活断層は認められない．

が出たが，幸いなことに死者はなかった．前にふれたように，神戸の地震と今回の地震はいずれもM7.3の浅い大地震であったにもかかわらず，環境の違いでその災害がいかにちがうかを見せつけた地震であった．

　2.2節で述べたように，この地震が山陰地方で唯1か所の「特定観測地域」に指定されていた所で起こったことを改めて指摘したい．兵庫県南部地震が起こった時は，それが活断層帯で発生した（特定観測地域に指定されていた）ことで多くの人は納得したようである．その直後から活断層が一般の人の注目をひき，また全国的調査が始められたりした．ところが，今回の地震が起こった所では，それに対応するような活断層が全く見つかっていないのである．

　また，これまで地震が起こるかどうかを判断するのに，活断層と共に地殻に蓄えられた歪みの大小が目安となると考えてきた人が多い．ところが1997年からのGPSによる地殻歪みの変化も，また，1890年頃（明治）からの測量による歪みの変化も最も小さい地域である（口絵4参照）．

　つまり，これらのデータからは地殻変動の変化速度が最も小さいとされる所である．しかも，歴史地震も知られていない．したがって，この種のデータにもとづいて発表されてきたいくつかの地震危険度マップではこの地域は最も安全な所とされてきたのである．

　しかし，内陸の大地震の発生間隔は小さい所で1,000年ということであるから，上にあげた資料からは推測できない場合があるのは当然である．現実に大地震が起こったのである．恐らく，歪みがゆっくり蓄えられるような所では，地殻測量からわかるのは歪みの変化の速さであって，たくわえられた歪みのレベルではない．それを知るにはその地域に加わっている力を知る必要があるということになる．しかし，力を精度よく求めるのは現状ではむずかしい．しかし，そういう測定もできるように工夫してゆかなければならないだろう．実は，力の大きさを敏感に反映しているのが地震活動である．

　図2.15に京都大学の松村一男（2001）による今回の地震活動の時空間分布を示す．上の図は1978年から2000年末までの地震の震央分布図で，中央の黒い集団が今回の地震の余震であり，×印は本震の震央である．下の図は縦軸に時間をとって，これらの地震の時空間分布を示したものである．これを見ると，1988年まで散発的にほぼ一様に起こっていたのに，1989年からほぼ同じ所で断続的に起こり続け，2000年10月に大地震が起こったことがわかる．ほぼ10年間，

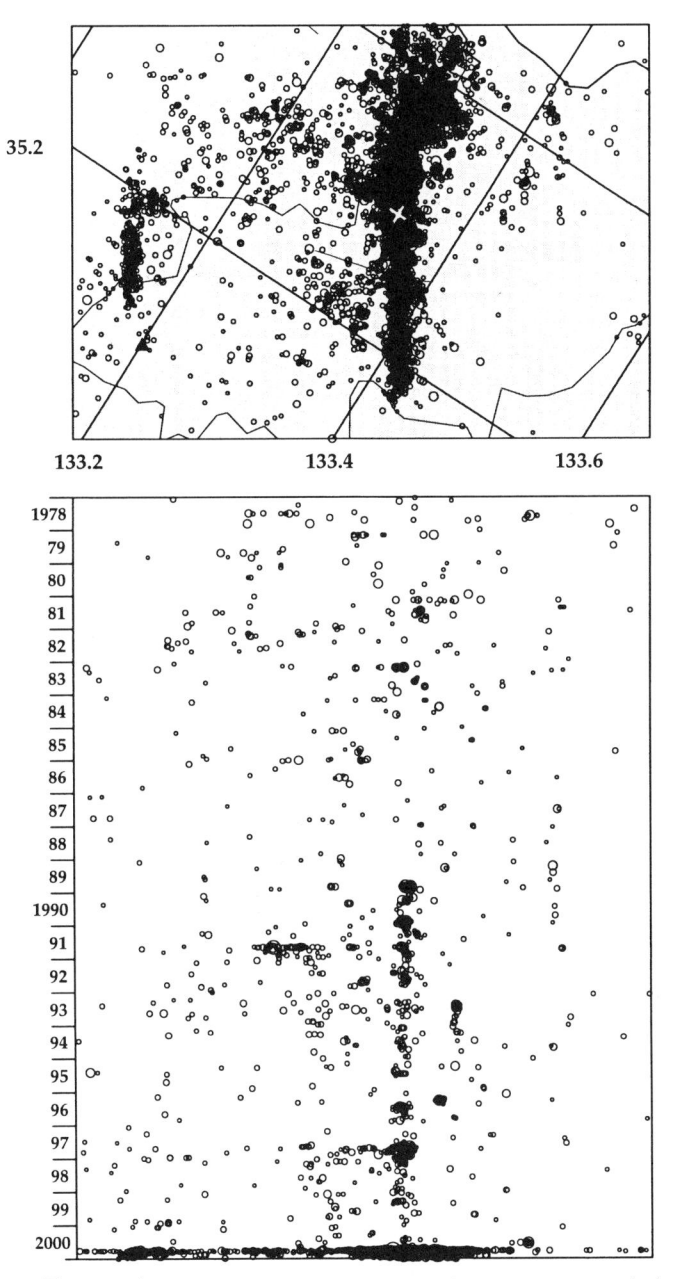

2.4 2000年鳥取県西部地震（M 7.3）　　　53

図 2.15　鳥取県西部地震の前後（1978〜2000）の地震の分布図（上）とその時空間分布図（下）（松村一男，2001）

広い意味での前震が起こり続けていたのである．1989年10月27日M5.3，11月2日M5.4，1990年11月21日M5.1，23日M5.3，1997年9月4日M5.1の地震があり，それぞれ1～2か月の間，地震が多発した．

図2.16は1989年，1990年，1997年の前震と2000年の本震と余震の震央分布を比較したもので，ほとんど同じ所で起こったことがわかる（京都大学防災研究所，2001）．

図2.17はこの地震の断層面上のすべり（曲線と網目），本震（星印），及び前震を断層面上に示したものである（岩田知孝，2001）．注目すべきことは，10年

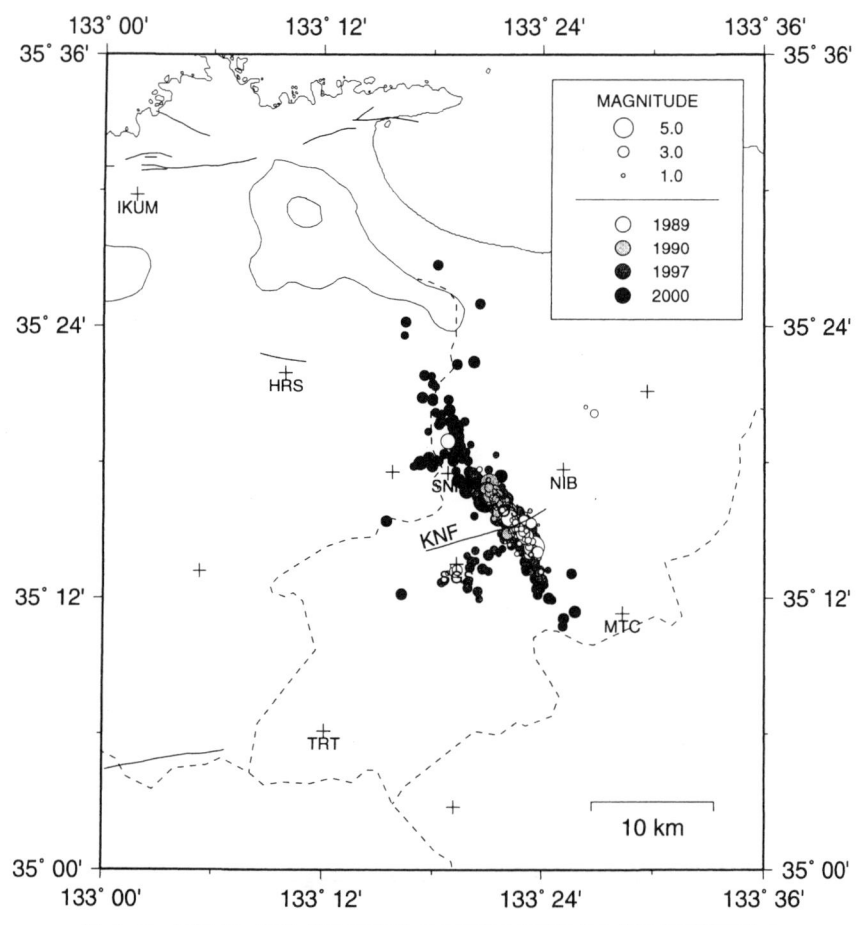

図 2.16　1989年，1990年及び1997年の広義の前震活動と鳥取県西部地震の余震活動における震央分布の比較（京都大学防災研究所，2001）

2.4 2000年鳥取県西部地震（M 7.3）

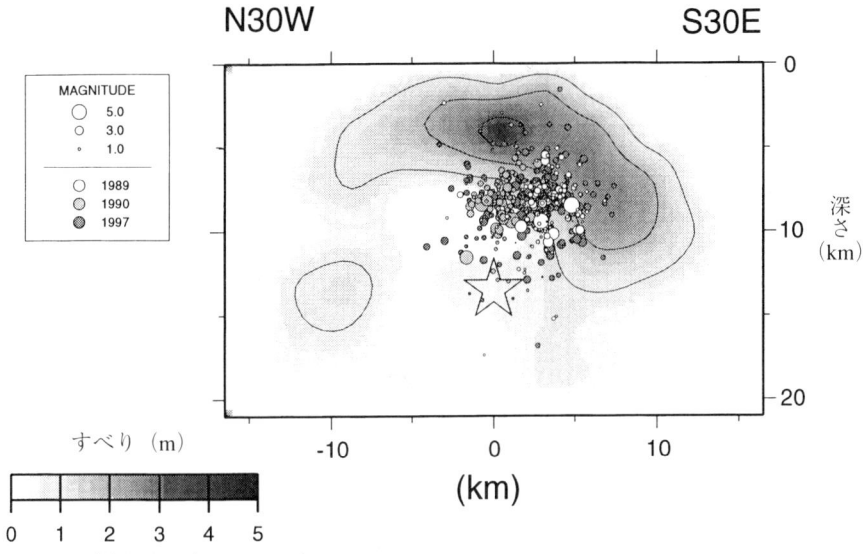

図 2.17 鳥取県西部地震の断層面上のすべり量の分布と本震（星印）及び広義の前震（丸印）（岩田知孝，2001）

間もほとんど同じ所でかなり活発な地震群が断続的に起こり，そのすぐ下で本震のすべりがスタートし，前震をとり囲むように，主にその浅い所で進行したということである．すべりはかなり浅い所で大きかったにもかかわらず，地表に達することなく明瞭な地震断層は認められなかった．

図2.18は，震源での破壊スタート後の0.5秒ごとのすべりの進展を示したものである（岩田知孝，2001）．はじめは震源の近傍で拡大していったが，5秒位過ぎた所で，すべりの領域は前半のすべりの領域を囲むように周辺にひろがり，深さ5 km位の所で最もすべりが大きくなり，8秒すぎまで続いた様子がよくわかる．

何故，ここで大地震が起こったのかはなお今後検討されなければならないが，図2.14に示したM 6.0以上の浅い地震の分布図を見ると，山陰地方の日本海側には地震帯ともいうべきものが走っており，鳥取県西部地震はその空白域を埋めるように起こったのではないかと考えられる．しかも，10年間にも及ぶ地震活動が集中して続いていた所で起こったのは，この地域の応力レベルが高まっていたことを示唆している．今後，地震危険度マップを作るに当たっては地震空白域や応力に敏感な微小地震の活動などを適切に活用するように工夫する必要があ

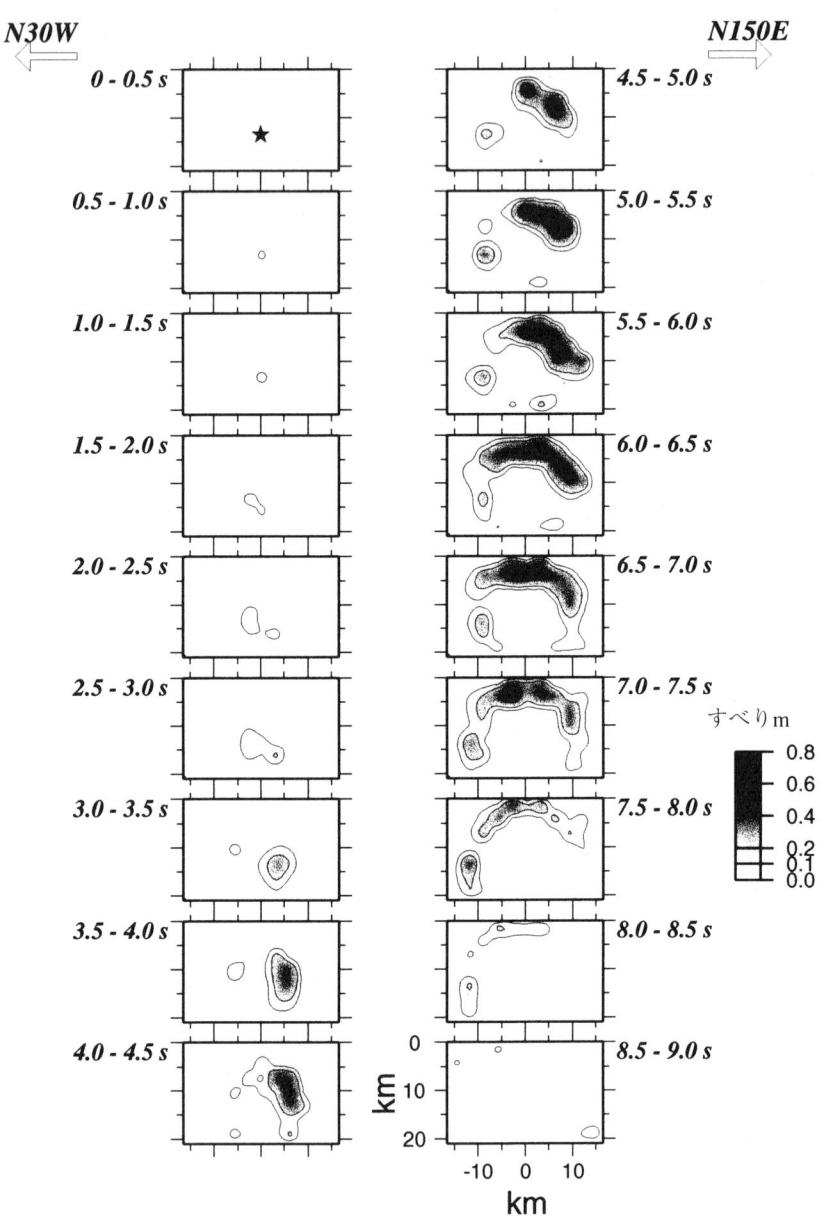

図 2.18 2000年鳥取県西部地震の破壊（すべり）が0.5秒ごとに進展していった様子（岩田知孝，2001）
本震の震源から周辺にひろがり，後半はそれをかこむように周辺の浅い所で大きなすべりが進行した．

る．予知連ではこの前震活動に注目し，記者会見でも実状を説明したものの，地震観測のほかは，前兆現象をとらえるのに有効と思われる感度のよい歪み計などの他種類の観測が実施されなかった．今回のように異常な現象が起こっている場所がわかっているのであるから，できるだけ多種類の精度のよい観測を集中して，ある程度長期にわたって実施できる体制を早急につくる必要があることを改めて痛感した．

それにしても，10年間にわたる高精度の地震観測資料があり，前震のほかに本震に近い深部で長周期地震が発生したという結果もあり，どのようなプロセスで小破壊群から大破壊の発生に至ったかをさぐる重要な手がかりが得られる可能性がある重要な地震である．

2.5　2001年芸予地震（M 6.7）

2001年3月24日15時28分，瀬戸内海の安芸灘でM 6.7，深さ51 kmの2001年芸予地震が発生した（図2.19参照）．M 7クラスといってもよい大きい地震が，鳥取県西部地震（M 7.3）からわずか半年弱で起こったのである．最もゆれた所では震度6（弱）に達し，広い範囲で震度5となった．不幸中の幸いというべきであるが，震央が安芸灘という海にあり，地震の深さも51 kmとやや深かったために被害は比較的少なかったが，死者2名，負傷者212名，全壊家屋14棟，半壊家屋46棟，そのほか，家屋一部破損，断水，停電などが多かった．

安芸灘は地震の多い所で，1905年の芸予地震（M 7.3）とその余震，1949年の地震（M 6.2，深さ40 km）などがほぼ同じ所で起こっている．兵庫県南部地震は深さ16 km，鳥取県西部地震は11 kmで，いずれも浅い東西圧縮の横ずれ断層タイプの地震であったが，今回の芸予地震は前述のように深さ51 kmとやや深い．フィリピン海プレートが四国の南岸沖の南海トラフから四国の下にもぐりこんだ，その先端部で発生した．フィリピン海プレートは九州の東岸沖の日向灘や豊後水道でかなり急な傾斜で西にもぐりこんで地震が多発している．この地震帯が北上し，もぐりこみの傾斜を小さくしながらその方向を東の方に変えている．芸予地震はそのような所で起こったため，もぐりこみの傾向が見られず，フィリピン海プレートはほぼ水平となり，今回の地震はその北端で起こった．

図2.20は本震（大きい星印）と余震の分布及び地震断層面のすべり量の分布

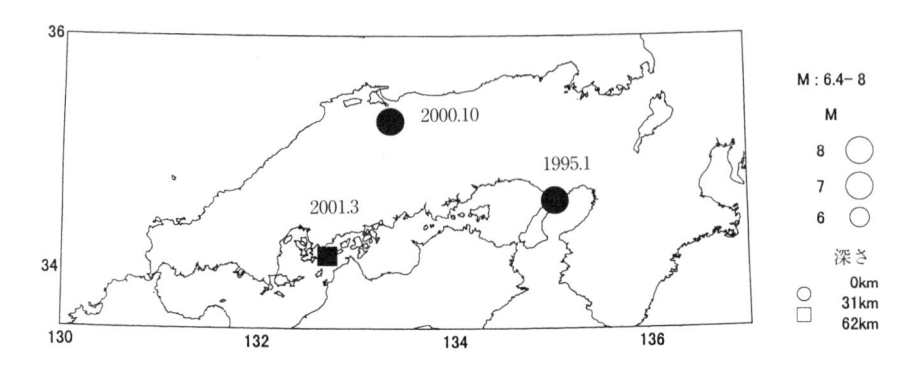

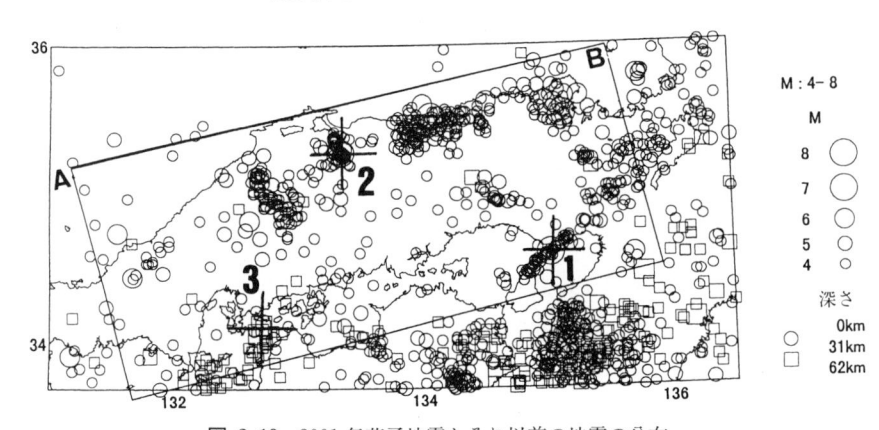

図 2.19 2001年芸予地震とそれ以前の地震の分布

図を示したものである（八木勇治・菊地正幸, 2001). この地震の断層が南北に走っていることがわかる. さらに菊地らによる地震波の解析結果によると, せん断破壊は東西方向の引張りの力で起こり, 西に 55° ほど傾いた断層面ができて, その上盤（西側）が下にずれるように起こった正断層型地震であることがわかった. 破壊の開始点ですべり量は 2 m 位であった. 断層の長さは余震分布から約 35 km であることがわかる.

どうして安芸灘で地震が多いのか, そして正断層型の地震が起こったのだろうか. その理由として考えられるのは, フィリピン海プレートが南東方向からの運動を続けていて, 日向灘や豊後水道で急な傾斜で西にもぐりこみをしていたの

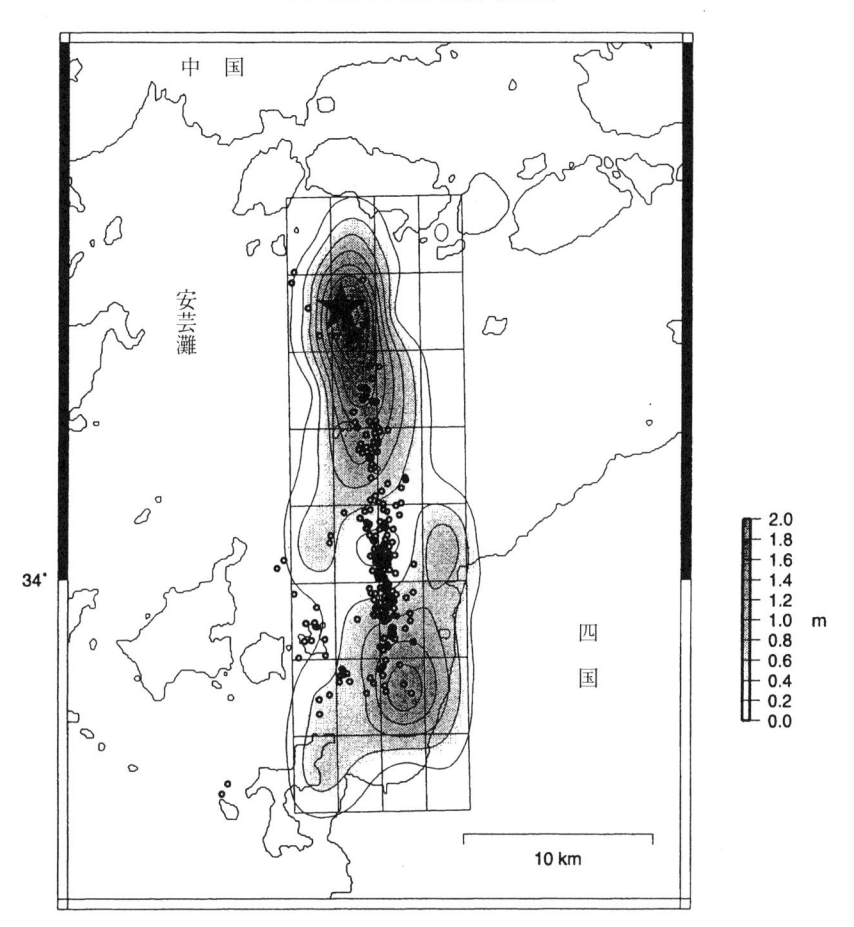

図 2.20 芸予地震の本震・余震と本震のすべり量の分布（八木勇治・菊地正幸，2001）
余震は，本震のすべりが少なかった場所で発生している．

が，その北の伊予灘，安芸灘と進むにつれて，もぐりこみの傾斜が小さくなると共に東の方に弯曲する．そのために沈みこんでいるフィリピン海プレートに東西方向に引張り力が働き，その先端部の安芸灘で正断層が起こったのではないかと考えられる．

地震予知連は 1970 年の地域指定及び 1978 年の地域指定の見直しでも，この地域を「特定観測地域」に指定していた．今回の安芸灘の地震がこの指定地域内で起こったことは，2.2 節で述べた通りである．

1946年の南海地震以降，近畿地方と中国地方では50年間大きい地震がなかったことは本章のはじめに述べた．1995年兵庫県南部地震の直後に西日本が活動期に入った可能性があることを述べたが，その予想に沿う形で進んだ．図2.19の下の図は1926年（気象庁の本格的な地震表が始まる）から今日までのM4以上の浅い地震（62 kmより浅い）の分布を示したものである．大きい番号1，2，3は近年起こった兵庫県南部地震，鳥取県西部地震及び芸予地震である．この図の中の長方形で示した範囲に注目する．何故ならば，次の南海地震（M8程度）がこの地域の南側で起こると考えられ，それが近づくと，この長方形で示した西日本が活発化すると我々は予想しているからである．

図2.21は1926年から今日まで，この長方形の中で起こった地震活動の時間的変化を示したものである．縦軸は地震の大きさ（M），横軸は時間である．1946年の南海地震はこの範囲外にあるのでその発生時を黒い矢印で示した．これでわかることは，南海地震の前には内陸の地震活動度が高かったこと，そのあとは次第に低下し1960年代に最低になった．1980年頃からやや活動が高まってきていた所に兵庫県南部地震（1）が起こり，続いて，鳥取県西部地震（2），芸予地

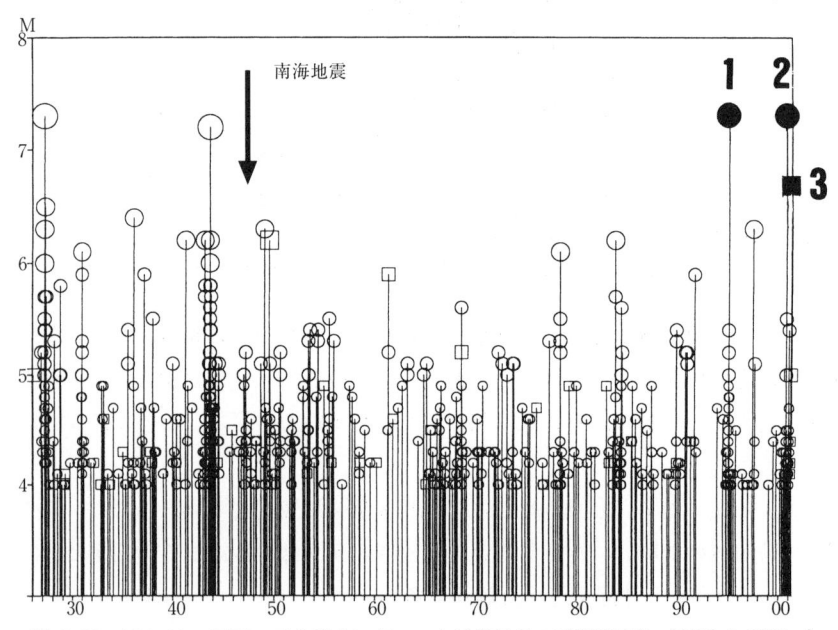

図 2.21　図2.19の下図の長方形内に起こった地震活動の時間的変化（1926.1-2001.4）

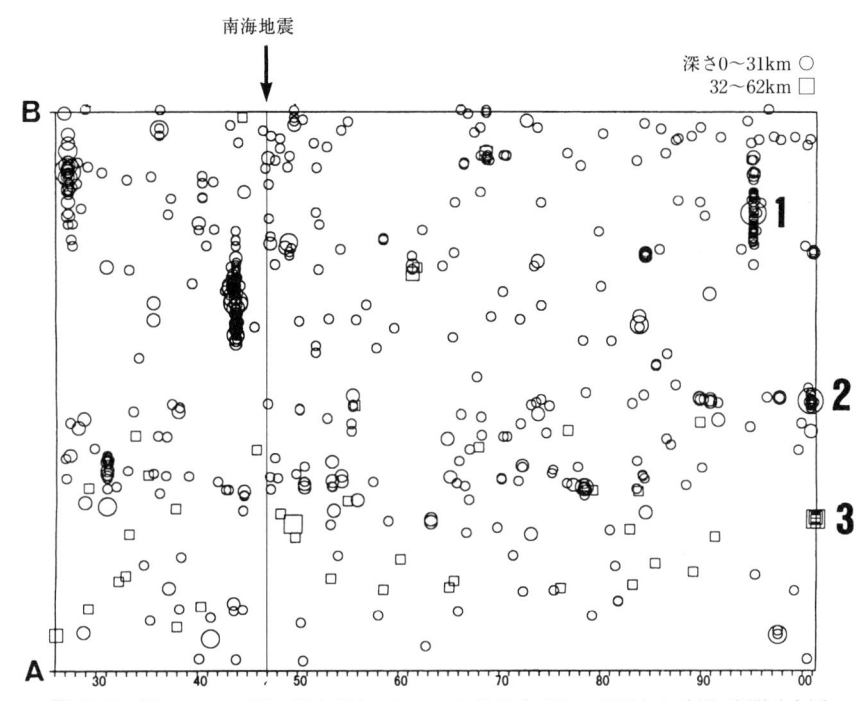

2.5 2001年芸予地震（M 6.7）　　　61

図 2.22　図 2.19 の下図の長方形内で起こった地震を AB に投影した時間-空間分布図

震（3）と大地震が続発し，「西日本の活発化」の予測が当たったといえる．1と2の大地震の前に2～3年間西日本全域が静穏化したこともわかった．

　図2.22は図2.19の下図の長方形の中の地震をAB方向に投影した位置を縦軸にとり，時間を横軸にとった地震の時間-空間分布図である．太い矢印は1946年南海地震の発生時を示す．その前後は大きい地震と余震が起こって活動が高かったが，1960年前後の10年ほどは広い範囲で静穏になった．1970年頃から全域でほぼ均一なやや高い活動が続いていたが，1995年兵庫県南部地震（1）の少し前から空白域が目立ち，2，3と大地震が続発した．2の場合は前駆的活動が顕著に発生したが，3の場合はかなり広域にわたって静穏化した．また，近年，2と1との間の地域で静穏な状態が続いている．全体として，最近の10年間はその前に比べて，地震の起こり方が穏やかでない．これが次の南海地震の前の活発化の1つの兆候である可能性も十分考えられるので，研究者も行政も市民も，長期的な視野に立った積極的な地震防災対策を進める必要がある．

3. 地震予知の可能性はあるか

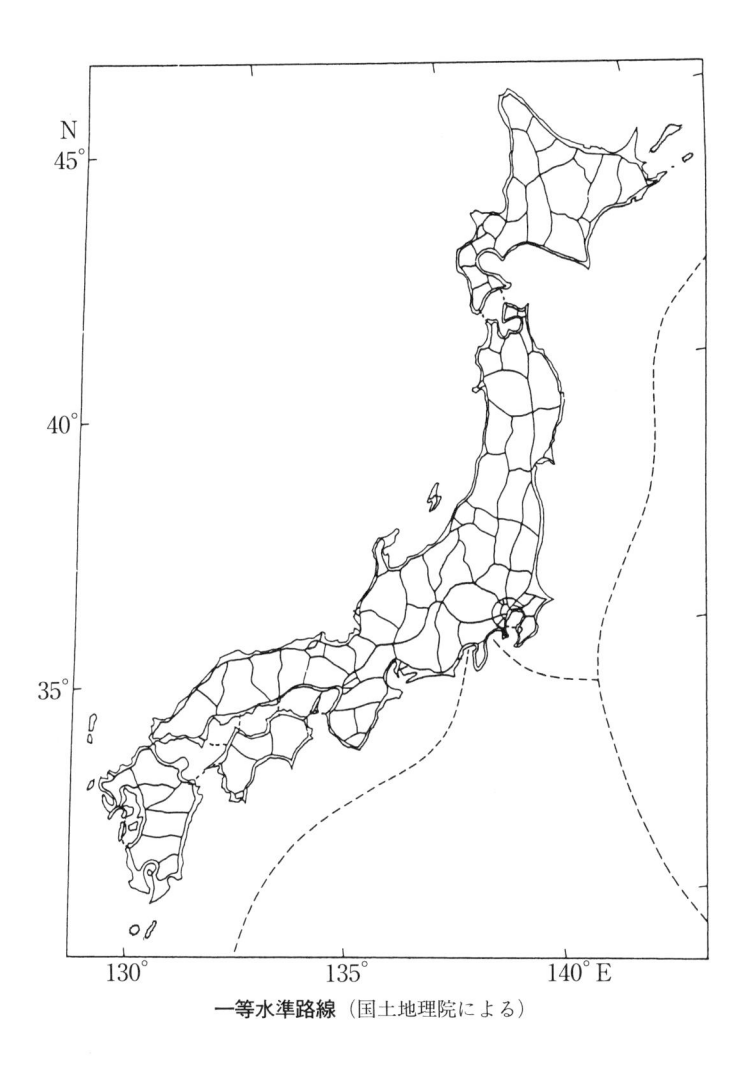

一等水準路線（国土地理院による）

3.1 地震予知の原理

　地震が特に恐ろしいのは，それが突発的に起こって，ときとして一瞬にして多くの生命も財産も奪ってしまうからである．このことを我々は，1995年の阪神・淡路大震災で体験して間もない．もし，大地震がいつ，どこで起こるかをあらかじめ知ることができれば，災害は大きく軽減できるはずである．

　地震の多いわが国では，地震による災害をいかに軽減するかという問題に世界でも最も早くから取り組んできた．そのために，耐震構造の研究と共に，地震予知を目指した研究の重要性が早くから認識され，推進されてきた．

　ところで，地震を予知することはできるのか，それともできないのかという質問をうける場合が多い．これまでの内外におけるこの問題についての議論を見ると，あるときは楽観論が，また，あるときは悲観論が風靡するという振れを繰り返してきた．

　悲観論を主張する理由として次の2つがあげられる．第1はこれまで長い間やってきたのに予知に成功したり，あるいはそれに近い事例がほとんどないという，これまでの知見にもとづいている．しかし，これまでの知見が不十分であったり，偏見をもって結論を出している場合が少なくない．

　悲観論の第2の理由とされているのは，地震，つまり，地殻の破壊に根ざした原理的なものである．よくいわれるように，破壊の発生には確率的な要因，つまり，不確実性を伴う．したがって，正確な予知は不可能だというのである．

　私は20年以上前に破壊物理学者である兵藤申一とこの問題について議論したことがある．彼はガラスの破壊の研究者として著名な方であるが，ある雑誌で，いかに破壊の発生時期がバラツクかを説明し，その発生時期を予測することはほとんど不可能であると述べた．したがって，地殻の破壊である地震の予知もほとんど不可能であろうという結論を述べていたのである（兵藤，1977）．

　私は同じ雑誌の次号で地震予知についての論説を依頼されていたので，この問題に答えないわけにはいかなかった．私は一様で均質なガラスの破壊の結果を，不均質な地殻の破壊で起こる地震にあてはめて論ずるべきではないと主張した．岩石の破壊でも強度は同じようにバラツクが，我々が予知の手掛りにしようとしているのは強度ではなく，主破壊に先行して直前に起こるいわゆる前兆現象であ

る．

　たとえば，短冊状のガラス板を曲げてゆくと最後に破断するが，それは全く突然起こる．ガラスでは一部で破壊が始まると瞬時にして全面的な破断が起こるからである．ところが，木の棒のように不均質なものでは，曲げてゆくと，破断する前にミシミシという小さい音が聞こえる．このミシミシという前兆現象に注目すれば破断の時期を直前に知ることができる可能性がある．つまり，材料が均質であるか，不均質であるかによって，破壊のプロセスがまるで違うのである．

　脆性破壊における媒質の不均質さの重要性に気がついたのは1960年頃のことである．これまで，破壊についての実験や理論は沢山あったが，不均質性に注目して地震の問題を意識して行った実験がほとんどなかったので自分でやることにした．いわば，非公認で始めた実験だったため，研究費はなく，ほとんど手づくりのものを使った．実験がある程度進んだ時に，隣の物理学教室におられた破壊物理学の権威である平田森三に見てもらいに行ったが，実験結果である図面をめくっておられたが，「実に面白い」との言葉をいただいた．これが「不均質媒質の破壊にともなう微小破壊振動の発生及びそれに関連した地震現象の2, 3の問題の研究」（1962）という私の学位論文となった．審査員は平田森三，坪井忠二，水上武であった．

　この研究によると，大きい地震の直前に小さい地震（つまり，前震）が期待できるのは地殻が不均質な場合であることになる．実際，日本で起こった主な地震について前震があった場合となかった場合を調べてみると，明瞭な地域性が認められ，地殻が不均質な所や破砕されていると思われる所で前震が起こりやすい．たとえば，火山帯は地殻の大きなさけ目であると考えられるが，そこでは前震が起こりやすい．

　このように，「地殻の不均質」が地震の起こり方を特徴づける1つの重要な要因であることを折りにふれ主張し続けてきた．そういう所では前兆現象が起こりやすいわけで，予知できる可能性が高いはずである．現在，「地殻あるいは断層面の不均一性」は地震の発生を論ずる場合のキーワードとなっている．

　地震予知が困難だというもう1つの主張に，破壊（または地震）が起こり始めた時に，それが小地震で終わるのか，さらに発展して大地震になるのかは偶発的なことで，大地震となることを前もって予測することはできないという主張がある．大きさを精度よく予測することは一般にむずかしいことではあるが，十分な

観測データがあれば，未破壊域（第一種地震空白域）の大きさや地震活動の静穏化域（第二種地震空白域）の大きさなどから予測できる可能性がある．大竹政和ら（1977）はメキシコの太平洋側で起こったオアハカ地震（M 7.7）について，この考えをもとに大きさを含めて中期予知に成功した．

また，1946年の南海地震（M 8.0）の場合，その直前の1週間ぐらい前から，紀伊半島や四国の太平洋側の広範囲で，井戸水の水位の低下・涸渇・混濁，温泉の湧水量の低下があったことが報告されている．この広範囲の地下水の異常は，広い領域での歪みの変化を示唆している．しかも，この地域では過去にほぼ一定の間隔で同じような巨大地震が繰り返し起こっており，その再来の時期が近づいていたのであるから，この大地震の発生は単に偶発的なものではなく，十分準備されたものであったとして地震の規模を予測することができたにちがいない．

私は極端な楽観論者ではないが，予知の可能性を全く否定したり，あまりに悲観的になる論拠はないと考えている．可能性があるのであるから，それを実行するように努力し，地震から人命を救うのに役立つ予知の実現に努力すべきだと思う．

ある時から，すべての地震が予知できるようになるのを期待するのは間違っている．地震には予知しやすい地震としにくい地震があって，我々の努力によって予知できる地震の数を次第に増やしてゆくのだ，と考えることが適切である．これは病気の治療の場合とかなり似ている．癌は治せるか，治せないかという単純な質問が適当でないことは多くの人が知っている．たとえば，胃癌の多くは適切な定期検診を続けておれば，癌になったとしても治すことができるようである．しかし，膵臓癌となると治すことは大変むずかしいようである．一口に癌といっても種類によって違うということである．

地震の場合も似ている．たとえば，不均質な場で起こる浅い地震については，適切な観測を行えば予知の可能性があるのに，均質な所や深い所で起こる地震の予知はむずかしい．この基本的なことを地震研究者も一般の人々も十分理解している必要がある．

3.2 1978年伊豆大島近海地震（M 7.0）の場合

地震予知には長期予測と短期予知があっていずれも重要であるが，もし，短期

3.2 1978年伊豆大島近海地震（M 7.0）の場合

の直前予知ができれば人命の救助に役立つので，社会が大いにのぞんでいることであり，地震予知研究の究極の目標である．

予知の悲観論者はこれが極めて困難，または不可能だと主張しているが，限りなく直前予知ができたのではないかと思われる伊豆大島近海地震（M 7.0）の場合について述べる．

この地震は地震予知計画発足後まだ13年しか経っておらず，全国の観測体制がまだ極めて貧弱で，一般的にM 7級の中規模地震の前兆現象をとらえうる状況にはなかった（表3.1，図3.1参照）．それにもかかわらず，臨時の各種の観測を集中的に実施し，監視を続けている中で起こったために，多数の明瞭な前兆現象が観測された．まず，なぜ，この地域で地震前に観測を集中し続けることができたかについて述べよう．

伊豆半島は近年になってこそ活動的になったが，1930年の3月と5月に伊東沖群発地震，11月26日に北伊豆地震（M 7.3）が起こり，1935年の南伊豆地震（M 5.5）が起こってからの40年間は全く静かな状態を続けた．この静けさを突然破ったのが1974年の伊豆半島沖地震（M 6.9）の発生であった．この地震は気

表 3.1 地震予知関係予算の推移（単位百万円）（科学技術庁資料による）

		当初予算	補正予算			当初予算	補正予算
昭和40年	(1965) 度	213	0	58	(1983) 度	6,260	0
41	(1966)	290	0	59	(1984)	5,617	0
42	(1967)	335	0	60	(1985)	5,729	0
43	(1968)	328	0	61	(1986)	5,339	0
44	(1969)	496	0	62	(1987)	5,320	6,875
45	(1970)	596	0	63	(1988)	5,701	0
46	(1971)	688	0	平成元年	(1989) 度	6,020	0
47	(1972)	899	0	2	(1990)	6,192	0
48	(1973)	785	0	3	(1991)	6,669	0
49	(1974)	1,553	0	4	(1992)	7,053	0
50	(1975)	2,007	0	5	(1993)	8,169	10,903
51	(1976)	2,312	0	6	(1994)	10,579	3,542
52	(1977)	2,928	0	7	(1995)	10,689	63,475
53	(1978)	4,124	0	8	(1996)	16,137	4,002
54	(1979)	5,847	0	9	(1997)	21,393	0
55	(1980)	6,006	0	10	(1998)	18,890	20,401
56	(1981)	6,433	0	11	(1999)	18,729	
57	(1982)	6,604	0				

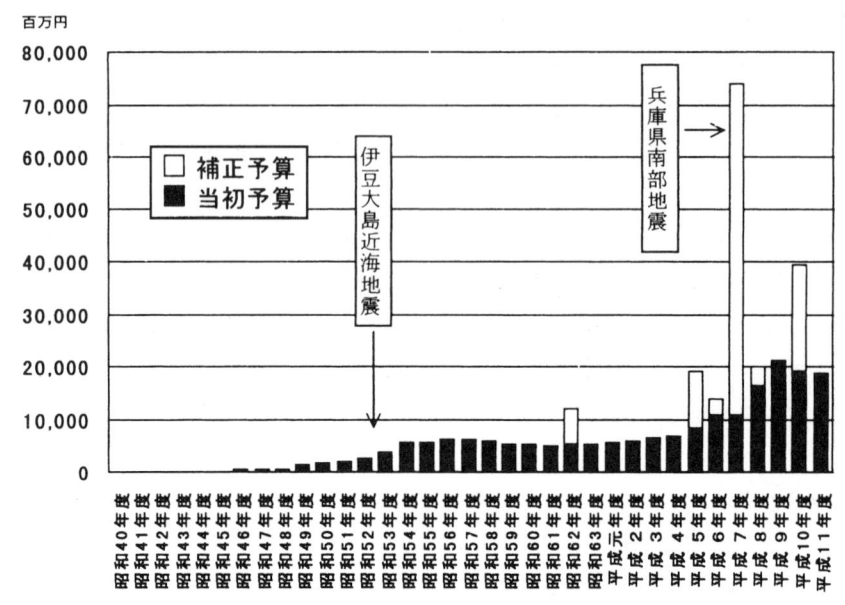

図 3.1 地震予知関係予算の推移(科技庁資料による)

象庁によって半島沖と命名されてしまったが,実は半島の南端のふちを北西-南東方向に走る活断層が動いたものであることが地質調査と余震の線上配列からわかった.この右横ずれの活断層は地震発生の少し前に地震研究所彙報に村井勇・金子史郎 (1973) によって報告されたばかりのものであった.余震は順調に減少していった.注目すべきこととしては,地震断層を南東方向に約 30 km 延長した所に位置する新島で (図 3.2 の E), 東大地震研究所の笠原順三ら (1974) が,伊豆半島沖地震とその余震と同期して起こったと思われる小地震活動を観測したことである.このことは,後に私が石廊崎断層を北西-南東方向に延長した構造線 (図 3.2 の EF 線) を提唱する 1 つの根拠となった.

その後,微小群発地震が観測されたりしたが,伊豆半島東部の地殻活動がただならぬものであることが認識されたのは,国土地理院の水準測量の結果,伊東近くの冷川峠を中心に 1967 年から 76 年の間に最大 15 cm に達するドーム状の隆起があることが判明したからである.このように大きな隆起がどの時期に起こったのかは伊東検潮所の海面の高さの変化を調べることによってわかる.それによると,伊豆半島東部の地盤の隆起は 1974 年伊豆半島沖地震の約 7 か月後に始まったことがわかった.

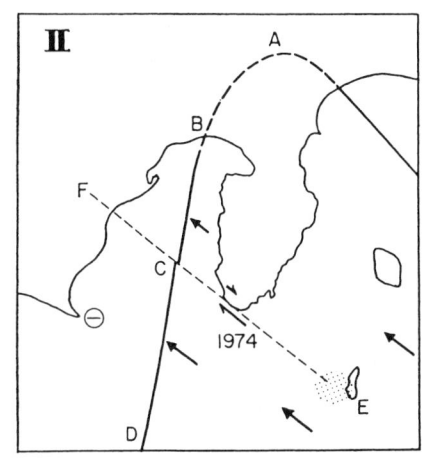

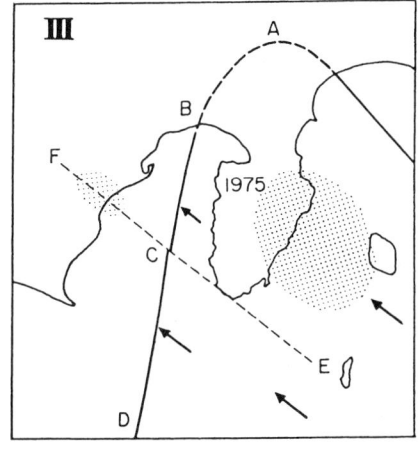

図 3.2 （Ⅱ）1974年伊豆半島沖地震が EF 線（新島-石廊崎-焼津構造線）に沿って起こった．矢印はプレートの運動方向で 1974年の地震の南西側は加速したが，北東側は逆方向へ動いた．
（Ⅲ）その結果，伊豆半島と伊豆大島にまたがる網目の領域で応力レベルが高まった．1975年の伊豆半島東部の異常隆起のきっかけとなった．（茂木，1977）

1976年8月18日には，この隆起域の南側のふちで河津地震（M 5.4）が起ったりしたが，その余震も順調に減少していった．

このように，半島東部でいちじるしい地盤の隆起が起こり，地震活動も断続的に続いている状況下で，地震予知連はそれを重視して，各種の観測や測量を集中的に実施して，大きい地震に結びつくものかどうかを監視する必要があるとの結論に達した．そのために，大学，気象庁，国土地理院，防災センター（現在の防災科研），地質調査所（現在の産業技術総合研究所・地質調査総合センター）などの関係機関が連携をとりながら，各種の項目について集中的な観測を開始した．

しかし，この頃は全国の地震予知観測・研究のための総予算は表3.1と図3.1からわかるように，伊豆の集中観測に使用できるのはごく限られており，各機関の自発的協力に負うところが大きかった．

このようにきびしい財政状況にあったので，東京にデータをテレメーターで送り，リアルタイムで監視することができたのは「東海地震監視網」の一部として実施していた一部の歪みと地震だけであった．他の観測は地元の民家の小屋などを借りて機器を設置し，観測を委託して，1～2週間後にデータを回収するとい

う方式をとらざるをえなかった．私は地震予知連の作業部会である関東部会の部会長として現場に立っていたが，各研究者の地震予知に対する意欲とその協調性に支えられたと思っている．

予知連と関東部会は，これらの観測結果の分析と今後の見通しの検討を重ねたが，1978年1月の大きい地震発生に先だつ1976～77年の2年間で実に18回の会合を重ねた．

河津地震のあと，余震もほとんど起こらなくなり，目ぼしい隆起も認められなくなり，1976年の末頃は活動が次第に低下していく観を呈していた．伊豆半島のような重要な観光地で，公式にこのままの警戒体制をとるべきかどうかは，たんに地震対策にとどまることではなく，社会的影響も考慮した，きびしい選択を迫られていた．地元では早く安全宣言を出すことを要望していたのである．しかし，我々は安易な妥協をすべきではないと思い続けた．

このような状況下で開かれた1976年11月16日の関東部会で，今後の見通しについて活発な議論が行われた．私は座長として討議を進行させる立場にあった．最初に，気象庁の代表格である関谷溥は，これまでの活動は1974年の伊豆半島沖地震の余効であり，活動は終息に向かうだろうと主張した．これに対して，私は，なお注意すべき状況にあると反対の意見を述べた．15人ほどの委員とオブザーバーが出席していたが，各人から意見を聞くべきだとの提案があったので順次意見を述べてもらったが，出席者のほとんどが関谷説に賛同した．つまり，活動は終息に向かっていくだろうという意見である．この会の様子が『地震予知連絡会十年のあゆみ』（国土地理院，1979年）の中で次のように記述されている．

「11月16日の関東部会では，伊豆半島の地殻活動の今後の見通しについて活発な議論が行われた．（中略）従来の伊豆半島の群発地震活動は，大きな地震にならないで終わった例が多いので，今回の群発地震活動も今後はしだいに静穏化してゆくであろうという意見が大勢を占めた．しかし，関東部会の茂木部会長は，長い目で見れば伊豆半島周辺の地震活動は1974年の伊豆半島沖地震の発生以来むしろ強まっていると見るべきであって，注意を怠るべきではないとの見解を強調した」．

それから1年1か月ほどして，近年の伊豆地方で最大の1978年1月14日の伊豆大島近海地震（M 7.0）が起こったのである．

3.2 1978年伊豆大島近海地震（M 7.0）の場合

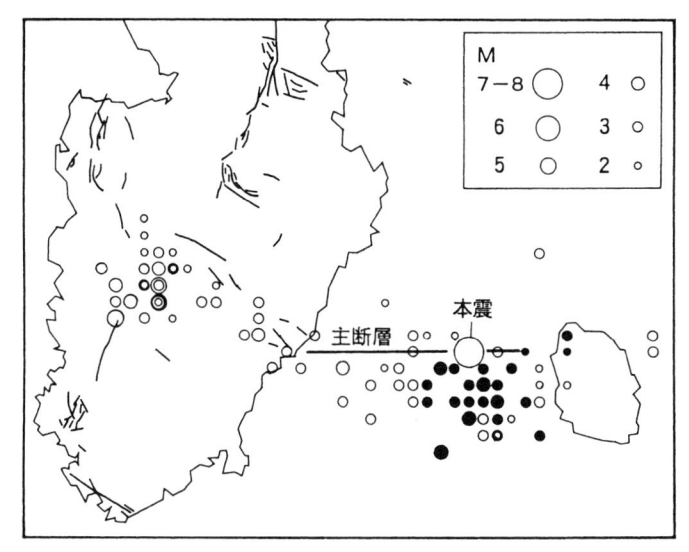

図 3.3 伊豆大島近海地震の前震・本震・余震
1978年1月13日12時～15日12時の2日間に起こったもので，黒丸は前震．

　私の主張の根拠は図 3.2 に示すように，右横ずれ断層型の 1974 年伊豆半島沖地震の発生で，それを通る構造線 EF の南西側では，いわばカギがはずれたように北西方向への運動が加速されたが，構造線の北東側は逆の方向に動き，この図の右側の図で網目をつけた範囲で応力が増大したはずで警戒すべきであるというものである．この論文「伊豆・東海地域の最近の地殻活動の一解釈」は地震の前年の 8 月 5 日に，地震研究所彙報 52 巻に投稿し，受理されていた．図 3.2 はこの論文からの転載である．図 3.3 に示すように地震はまさにこの網目で示した所，つまり，大局的に予想した所で起こったのである．

　上に述べたように，多くの人は活動は終息に向かっているとの意見を述べたが，その後も集中観測体制を続けた．津村建四朗らは半島の西側にも新たに地震計を増設するなど警戒を強めた．

　伊豆大島近海地震はこのように，各機関が協力して観測を集中して警戒している中で起こった．その結果，各種の前兆現象が観測されたのである．

　最も顕著なものは活発な前震である．図 3.3 に前震（黒丸）と本震，地震断層および余震（白丸）の分布を示した．前震と本震は伊豆大島と伊豆半島の間の海底下で発生し，東西の方向をもつ右横ずれの断層は伊豆半島に上陸すると北西方

向に進み，半島中部に達した．

第1章で述べたように伊豆地方は火山帯でもあるので，地殻の構造が不均一であることから前震が起こりやすい所である．それにしても今回の前震は活発でM 4.9 が2回もあって，大島では石垣が崩れたほどで，気象庁が強い震動について注意を呼びかけたほどであった．図3.4（上）に前震の発生経過を M-T 図で示したが，4時間ほど前から大きい前震が起こりはじめ，2時間ほど前にピーク

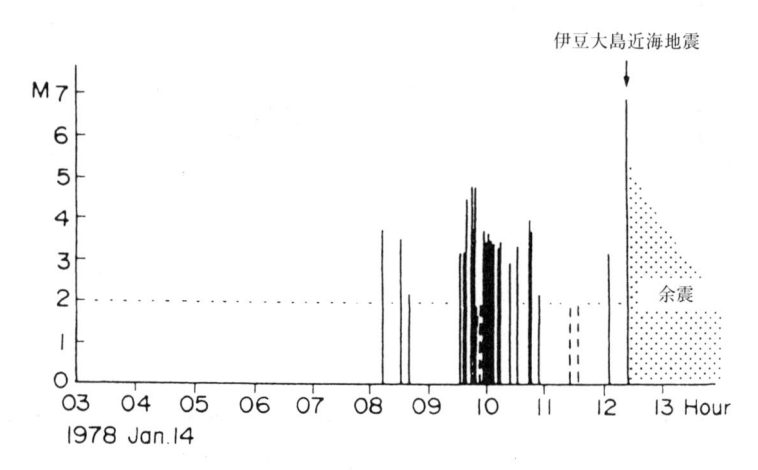

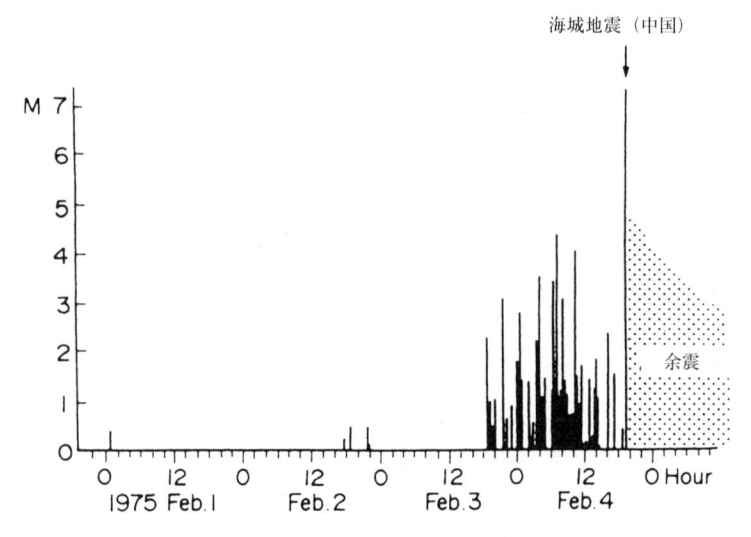

図 3.4　1978年伊豆大島近海地震（M 7.0）と中国の1975年海城地震（M 7.2）の前震の起こり方の類似性（M-T グラフで示す）

3.2　1978年伊豆大島近海地震（M 7.0）の場合

に達し，いったん減少して本震が起こった．

　図3.4（下）に世界で初めて予知に成功して，多くの人命が救われた中国の海城地震（1975年，M 7.3）の前震を示す．その活動度も時間的経過も伊豆の場合とよく似ている．約12時間前から多数の前震が起こり始め，6時間前にピークに達し，その後はいったん減少して本震発生となった．海城地震に先行して，地盤の傾動，地電位の変化，動物の異常行動，地下水の異常，温泉のラドン濃度の変化があったことが報告され，総合的に判断した上で，警告を出すきめ手となったのは図3.4に示した前震であった．もし，警報を出して屋外に出るように呼びかけなかったら，数万人の死者が出たと推定される．この地域の人口は多く，住居の耐震性は非常に低かったからである．死者が千人余りにとどまったのは大成功であった．

　伊豆大島近海地震の場合もこれまで述べてきたような経過で集中的な観測を続けてきたので，前震のほか図3.5に示すような各種の変化が観測された．①から⑤までの地殻歪み，井戸の水位，温泉のラドン濃度，温泉の温度（⑥の伊豆大島での電気抵抗はグラフに示されていない）などが地震断層をとりかこむような所で変化していることがわかった．これらのデータをリアルタイムで監視することができていたら，活発な前震の発生をきめ手として，予知に成功できた可能性が十分ある．異常を観測した範囲のひろがりからM 7程度と予測され，発生時刻の予知には前震がきめ手となるであろう．

　しかし，実際に予知することができなかったのは，これらのデータのかなりのものが，すでに述べたように資金難のためにテレメーターによるリアルタイム観測ができなかったことが決定的な理由である．とはいえ，この経験から，①地震が起こりそうな所を適切に予測し，②その地域に多項目観測を高密度で実施し，③データをリアルタイムで監視する，ということを積極的に進めるならば，地震の性質にもよるが，予知できる可能性が十分あることを示す画期的な結果が得られたのである．

　このように，1978年伊豆大島近海地震前の観測は少ない予算で行われ，予知の可能性を示すことに成功した．阪神大震災の時はやはり観測のための予算が不十分であり，目立った地変がなかったために，多機関が積極的に協調しながら観測を集中し，監視するということは実施されなかった．しかし，前の章で述べたようないくつかの前兆現象がとらえられた（この地震の予知問題については拙著

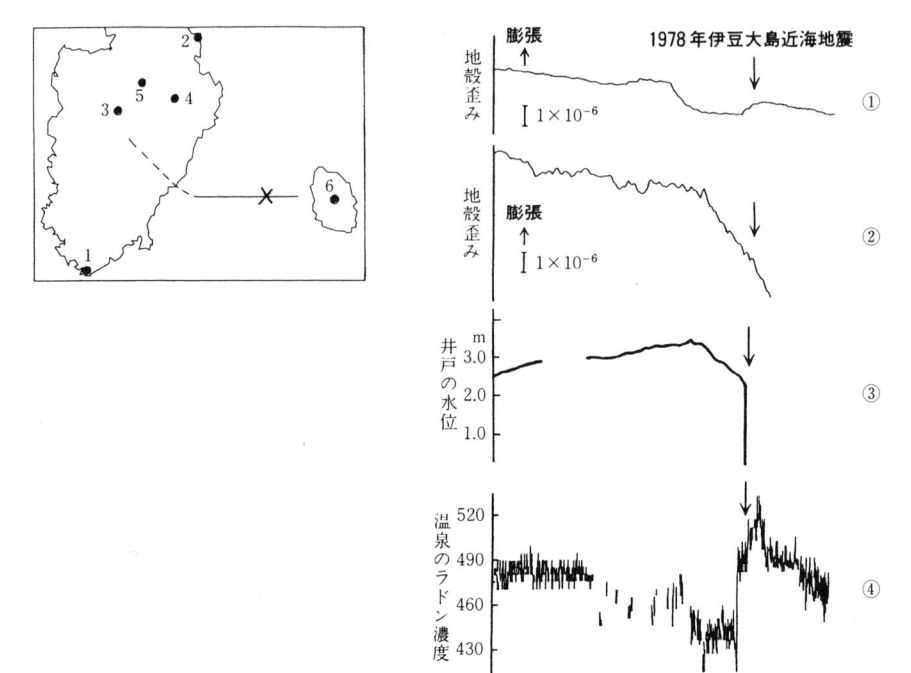

74   3. 地震予知の可能性はあるか

図 3.5 観測された前兆現象（前震を除く，左上の地図は観測点，番号はグラフと対応している）

「地震予知を考える」（岩波新書）を参照されたい）．大震災の年に，政府は地震調査費として741億円という，伊豆大島近海地震の直前の年の予算の25.5倍の巨費を投じ，ひきつづき200〜400億円の調査費を地震観測，GPS観測，活断層調査などに出しているのであるから，これらのデータが有効に活用されるならば，地震予知のポテンシャルは大いに高まっているはずであり，積極的なとりくみを推進させるべきである．

3.3 1980年伊豆半島東方沖地震（M 6.7）の場合

　1978年1月14日の伊豆大島近海地震の余震は伊豆半島の中部でも起こり，まもなく順調に減少していったが，その年の末になって伊豆半島東岸の伊東沖でM 5.4を含む活発な群発地震が起こり，翌年の5月まで断続的に活動が続いた．図3.6左に伊豆半島とその周辺で1970年から1981年の間に起こったM 5.4以上の主な地震の分布図を示し，同図右に縦軸に緯度をとり横軸に時間をとった時空間分布を示したが，1972年以来これらの地震は北上している傾向を示していた．

　1980年6月25日の朝，私が地震研究所に出勤すると，玄関で津村建四朗が徹夜の観測を終えて帰宅するのに出会い，伊豆で小さな群発地震が起こり始めたことを知らされた．その日は気象庁で会議があり，伊東市の川奈崎沖で小地震がいくつか起こりだしたとの報告があった．

　本章のはじめに述べたように，私は1960年頃から，室内で岩石の破壊実験を行い，主破壊の前に高周波の微小破壊振動が増加することに注目してきたが，自然界でも同様のことがあるのかどうかを確かめたいと思っていた．そこで，今回の群発地震活動はさらに活発化すると予想されたので，地震が起こっている海での観測を計画した．そのために，海上保安庁水路部に観測の協力を依頼した．水

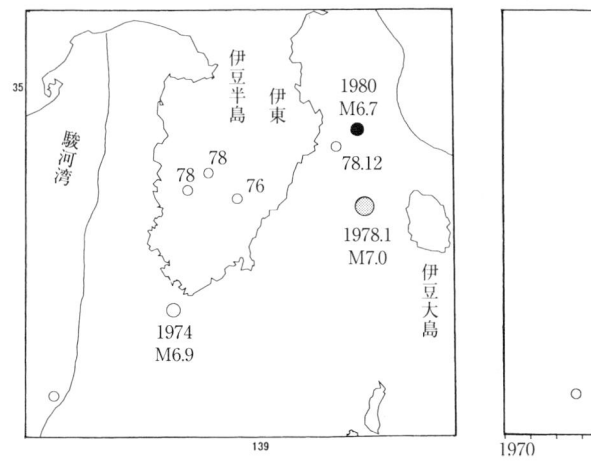

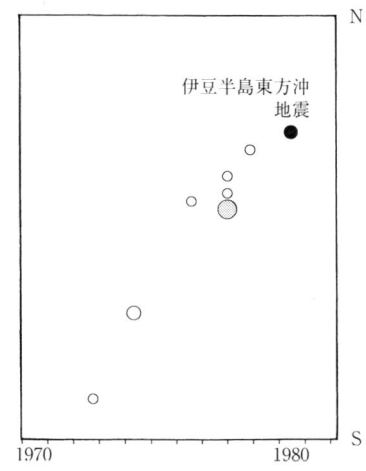

図3.6　1970年から1981年に伊豆半島とその周辺で起こったM 5.4以上の主な地震の震源が北上の傾向を示した．

路部長の話では，船のエンジンの音が激しくてとても地震の音をとらえるのは無理だろうとのことであったが，責任は私がとりますからと無理にお願いして，観測を実行することにした．急遽，研究室に電話して出発の準備をしてもらった．

水路部からはちょうどドック入りを予定していた拓洋丸を出してくれることになり，私のほかに，地震研究所の望月裕峰，水路部から土出昌一，加藤茂が参加して，6月28日午後東京港を出発した．船が川奈崎沖に到着した頃は日が暮れていた．乗船して驚いたことは，船のエンジンの音が高いことで，船底に下りる

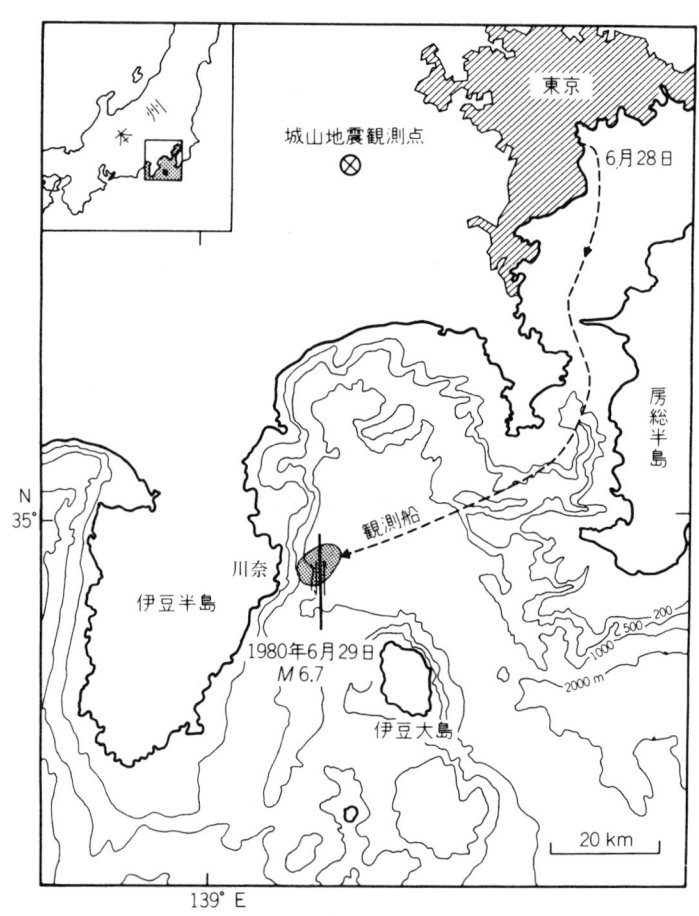

図 3.7 1980年6月29日の伊豆半島東方沖地震前後の
ハイドロホンによる高周波地震観測
破線は観測船の航路，網目の領域は観測範囲，太い縦棒は地震断層を示す．

郵便はがき

恐縮ですが切手を貼付して下さい

１６２-８７０７

東京都新宿区(牛込局区内)
新小川町 6 －29

朝 倉 書 店

愛読者カード係 行

●本書をご購入ありがとうございます。今後の出版企画・編集案内などに活用させていただきますので，本書のご感想また小社出版物へのご意見などご記入下さい。

フリガナ お名前	男・女　年齢　　歳

ご自宅　〒　　　　　　　　電話

E-mailアドレス

ご勤務先　　　　　　　　　　　　　　　　（所属部署・学部） 学校名

同上所在地

ご所属の学会・協会名

ご購読　・朝日・毎日・読売　　ご購読（　　　　　） 新聞　・日経・その他(　　　)　雑誌

書名

本書を何によりお知りになりましたか

1. 広告をみて（新聞・雑誌名　　　　　　　　　　　　　　　）
2. 弊社のご案内
   （●図書目録●内容見本●宣伝はがき●E-mail●インターネット●他）
3. 書評・紹介記事（　　　　　　　　　　　　　　　　　　　）
4. 知人の紹介
5. 書店でみて

お買い求めの書店名　（　　　　　　　　市・区　　　　　　　　書店）
　　　　　　　　　　　　　　　　　　　　町・村

本書についてのご意見

今後希望される企画・出版テーマについて

図書目録，案内等の送付を希望されますか？　　　　　　・要　・不要
　　　　　　・図書目録を希望する

ご送付先　・ご自宅　・勤務先

E-mailでの新刊ご案内を希望されますか？
　　　　　　・希望する　・希望しない　・登録済み

ご協力ありがとうございます

3.3 1980年伊豆半島東方沖地震（M 6.7）の場合

と耳が痛くなるほどである．これで海底からの音を水中マイクロホン（ハイドロホン）でとらえることができるだろうかと不安にならざるをえなかった．船のエンジンは観測中は止めるものと思っていたが，出港から帰港までそれを止めることはできないものであった．

図3.7に東京港から川奈崎沖までの船の航跡などを示した．私は川奈崎沖合で小地震が起こり始めたという，前に述べた事実と海底地形から断層の存在が想定される範囲に的をしぼり，船長にこの図で楕円で示した範囲内を回遊してくれるように頼んだ．翌29日16時20分，M 6.7の伊豆半島東方沖地震が船の直下で発生したのである．しかも，その地震断層は私の想定範囲を南北に縦断するものであった．

図3.8は伊豆半島の伊東市にある気象庁の鎌田観測点で観測された，1980年の6月から7月にかけて起こった伊豆半島東方沖群発地震の日別地震回数と，我々がハイドロホンによる海上観測を行った期間を示す．2日間の海上観測はこの群発地震活動の初期のピーク時に当たっていた．

この地震で，伊豆半島の東海岸では崖崩れが起こり，まるで小さな噴火が起こったような光景であった．また，鉄道線路に大きな岩石が落下してストップする

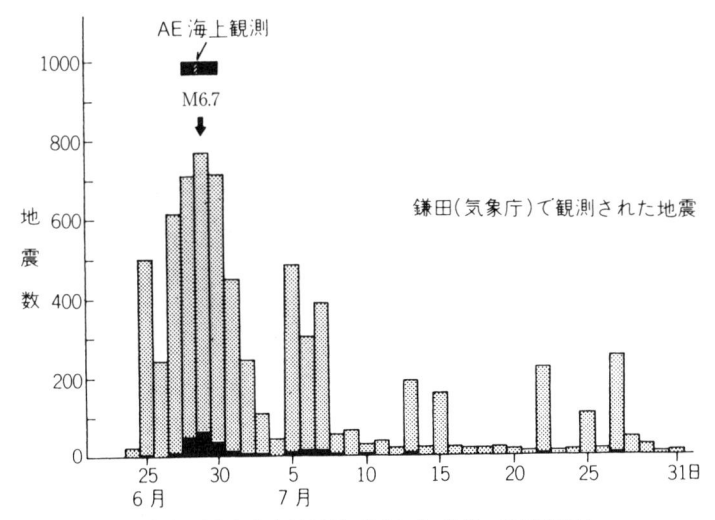

図3.8 1980年伊豆半島東方沖地震（M 6.7）前後の地震活動と
高周波地震（AE）の海上観測の期間（茂木清夫・望月裕峰，1981）
縦軸：鎌田観測点（気象庁）で観測した日別地震回数（黒い部分は有感地震）．トップの水平の太い線はハイドロホンによる海上観測期間．

などの被害があった．しかし，船上での衝撃はそれほど激しいものではなかった．本震に続いて大きい余震が起こったために，船を突き上げるような海震をたびたび感じた．本震とその直前は残念ながら風雨がはげしく，ハイドロホンのケーブルが船体にからみついて観測できなかった．しかし，多数の余震を観測することができた．この地震はほぼ南北方向の長さ約 20 km の左横ずれ断層の運動で起こったことは地震波の解析によってわかったが，その位置がはっきりしなかった．このような海域で起こった地震の震源位置の決定精度が低く各機関が個別に発表した余震域の位置がかなり違い，断層の位置は精度よく決まらなかった．
ところが，図 3.9 に示したように，ハイドロホンによる高周波地震を観測した範囲はごく限られており，地震断層の位置を示すと考えられる．海上観測における船の位置の決定誤差は 100 m 以内であることから，高い精度で断層の位置を決定することができた．

大地震の余震によく対応して高周波の衝撃型（A タイプ）の振動が観測され，余震の減少と並行して減少していった．ところが，この観測期間内に発生していた群発地震に対応してはこのタイプの高周波振動は観測されなかった．これは群

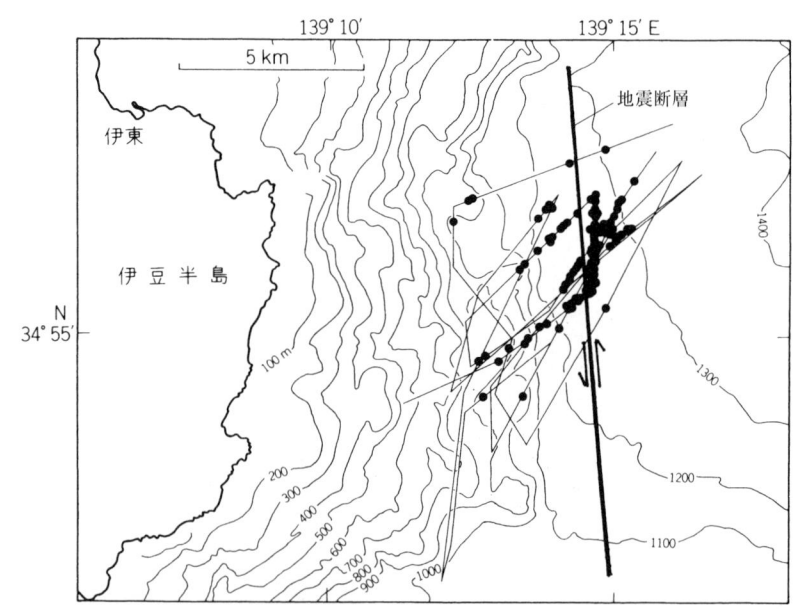

図 3.9 6月29日の本震（M 6.7）より約15時間の観測船の航路とその間に観測したA タイプの高周波地震（振幅の大きいもの）の分布（茂木・望月，1981）

3.3 1980年伊豆半島東方沖地震（M 6.7）の場合

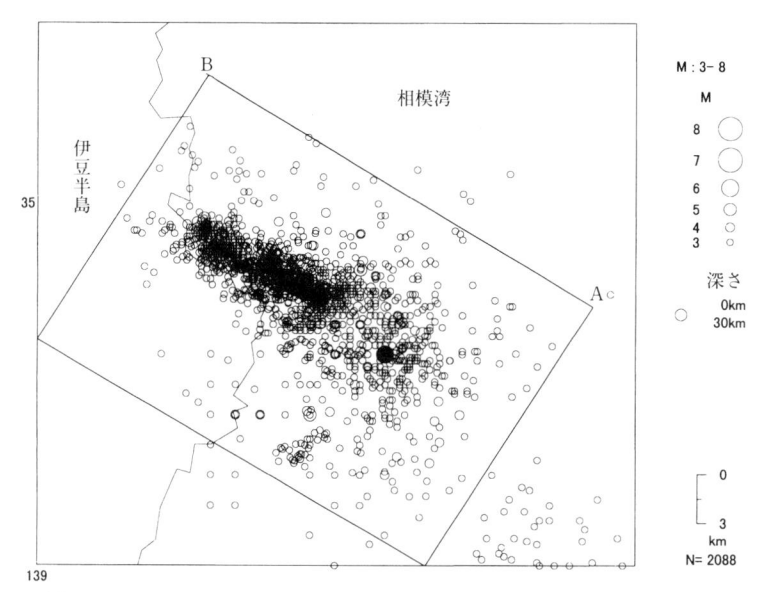

図 3.10 1978年2月から2001年4月までの伊豆半島東方沖の地震の分布．沖合の大きい黒丸は1980年伊豆半島東方沖地震（M 6.7）の震央．

発地震がやや深いために高周波振動は途中で減衰して観測されないためと考えられる．これらの結果から，1980年の M 6.7 の地震の前後の発生過程は次のように考えられる．まず，やや深い所で群発地震が起こり出した．これは深い所からのマグマの上昇によると考えられる．この群発地震の活動に触発されて，その上盤の地殻内で大規模な破壊（M 6.7）が発生し，余震が続いた．この断層は海底表面に達する浅いものであった．

図3.10〜3.12は1978年2月から2000年までの約20年間，伊豆半島東方沖（または伊東沖）で起こった地震の震源分布図，M-T図及び時空間分布図である．この地域ではこのように群発地震が繰り返し起こり続けた．図3.11の M-T 図を見ると，上に述べた1980年伊豆半島東方沖地震（M 6.7）がとび抜けて大きいことがわかる（図3.10で震央を黒丸で示す）．それ以後は1997年と1998年の M 5.7 が最大である．この20年間に1回だけの海上でのわずか2日間の観測をしている時に，その真下で M 6.7 の大地震が起こったということは今でも私自身驚いている．その偶然性を否定しないが，次のようなこともあると思う．

（1） 1974年，1978年と大きい地震が北上の傾向を示しながら起こっていた

ので，北の隣接部での活動に注目していた．そして，川奈崎沖で活動が始まったことに注目して観測を行った．

（2） 群発地震活動の初期に活動のピークが来る可能性を想定して，6月25日に小地震が発生したと聞くや，直ちに出動できるように手配し，28日に出発して現地で観測を開始した．

（3） 川奈崎沖でいくつかの小地震が起こり始めたことに加えて，海底地形（断層地形）から想定される地震発生の可能性のあると思われる地域に的をしぼって観測を続けた．

以上のような前向きの積極性がなければこのような観測はできなかったであろう．運をひきよせる積極性，洞察力が必要だと思う．

図 3.11 に 1989 年の伊東沖の海底噴火を矢印で示した．この地域の群発地震の発生原因についてはいくつかの考えが提唱されていたが，私たち地震予知連は一貫して地下のマグマ説を主張してきた．実際に伊東沖で群発地震にひきつづいて海底噴火が起こったことによってマグマ説が正しいことが証明された．しかし火

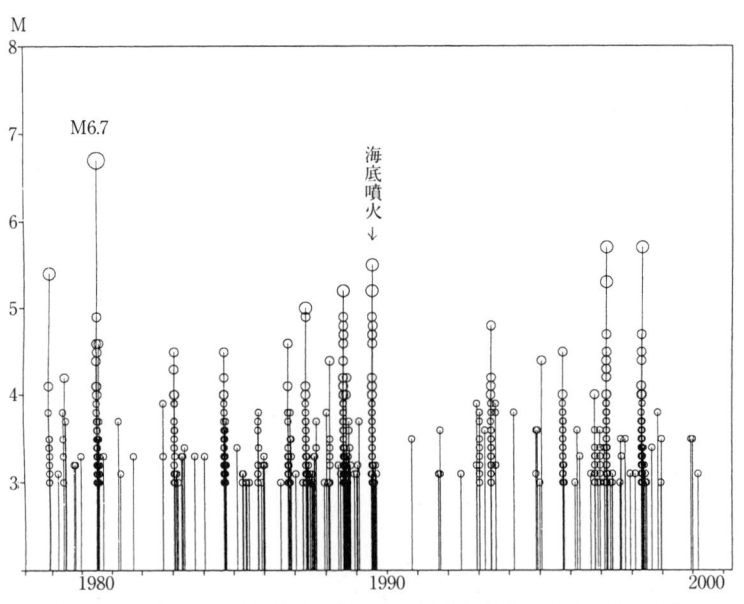

図 3.11 図 3.10 の長方形内で起こった伊豆半島沖の地震の M-T 図（1978.2-2001.4）

矢印は 1989 年伊東沖海底の噴火．

3.3 1980年伊豆半島東方沖地震 (M 6.7) の場合

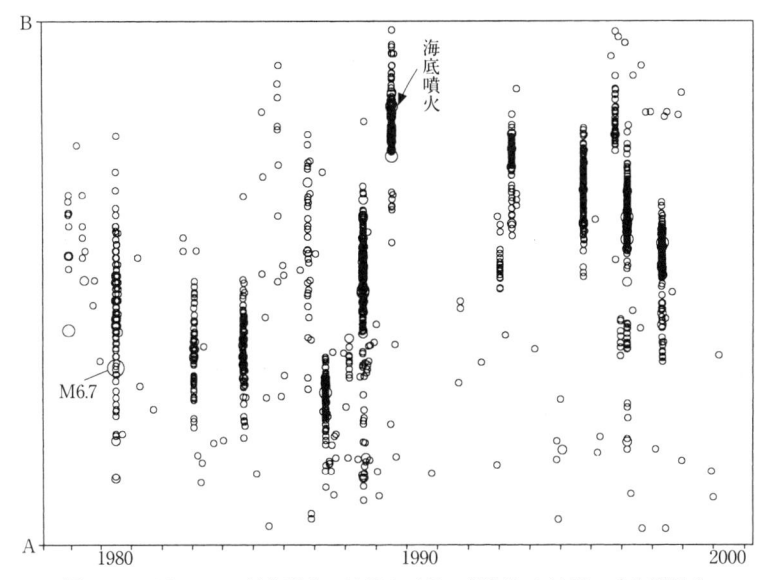

図 3.12 図 3.10 の長方形内の地震を AB に投影した地震の時空間分布 (1978.2-2001.4)
縦に並ぶのがそれぞれ群発地震で,横軸はその発生時期.

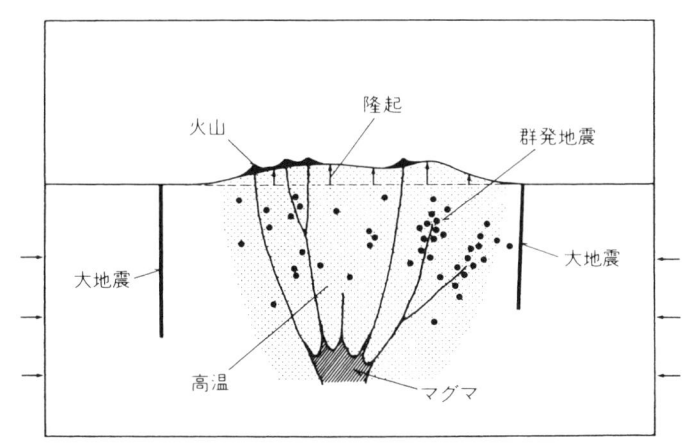

図 3.13 伊豆半島の隆起地域の模式的な推定断面図 (茂木, 1982)
黒丸は小地震, 鉛直の太い線は隆起地域を囲むように発生した M 7 クラスの横ずれ断層.

山噴火予知連は我々がマグマ起源であることを再三発表し群発地震の震源が次第に浅くなる傾向を示したことから注意が必要であるとしていたのに，噴火直前まで活動をおこさなかった．なお，図3.11で1980年のM 6.7の大地震のあと断続的に発生した群発地震中の最大地震のMが次第に増大して伊東沖噴火が起こったことにも注目したい．

このM 6.7の地震の場合は前兆現象を観測して直前予知に成功した例ではないが，地震予測のためにはあらゆる情報を積極的に活用し，また，行動することが重要であると考えられ，その意味で参考になるはずである．

その後はM 5.7以上の地震は起こっておらずもっぱらマグマ活動による群発地震を頻繁に繰り返し，1989年には伊東沖の海底噴火が起こった．その後も，ひきつづき群発地震を繰り返したことは図3.11, 3.12を見るとよくわかる．しかし，1999年以降は地震も少なく，地殻変動もほとんど停止して，一連の活動は終息したように思われるが，今後の推移を見る必要があることはいうまでもない．

図3.13は伊豆半島の周辺で起こる大きい地震と群発地震の関係を模式的に示したものである（茂木，1982）．

4. 東海地震予知問題

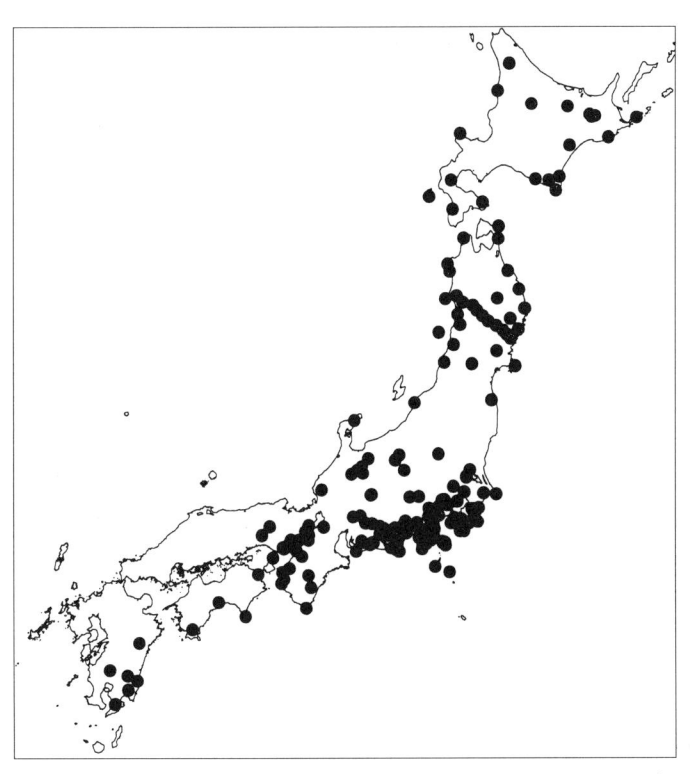

歪み計等による観測点（地震調査研究推進本部調べ，2000年3月現在）

4. 東海地震予知問題

1978年に大規模地震対策特別措置法（以下大震法と略す）が制定，施行され，その大規模地震として東海地方で起こると考えられている，いわゆる「東海地震」が第1号として指定された．この法律は大地震を予知することができることを前提として，そのための常時監視，警報の発令，それに対する社会の対応を行うことによって震災を軽減しようという，世界で初めての法律である．ここで大規模地震と考えているのはM8の巨大地震であるが，この予知問題が，今のままでは明日にも我々の生活に重大な影響を及ぼしかねないので，なぜ東海地震問題が起こったか，問題点と現状について述べる．

4.1 東海地震説の発端

1969年の中頃，東京大学地震研究所の研究発表会で，国土地理院の原田健久が重要な研究発表を行った．現在はGPSという宇宙測地技術が導入されて，日本列島が水平方向にどのように動くかを精度よく，すばやく測定できる．しかし，このような測定法はごく最近開発されたもので，それまでは日本列島の水平方向の動きを知るために三角測量というものを実施してきた．これは山頂や目ぼしい所に三角点を設置して，この三角点網で日本列島を覆い，望遠鏡で隣接の三角点をのぞき，その方向の変化を測定することによって，各三角点の位置を求めるという方法である．本州の測量を1回行うのに10年以上を要するという大変な測量である．この三角測量が明治（1983～1904年）と昭和（1948～1964年）の2回実施され，この2回の測量を比較して，各三角点がこの間にどのように動いたかを求めた．これは国土地理院（戦前の陸地測量部）が実施した．

この2回の測量を比較すると本州のどこがどのように変形したかがわかるはずであった．しかし，この比較を単純にやった結果を見ると，本州の北端と南端では，常識では考えられないほど大きく動いたことになり，実態を表していないと考えられる．そこで，原田と井沢信雄は本州の中で比較的安定していると思われる4点（青森県，新潟県，淡路島，山口県の中の各1点）を動かないと仮定して計算しなおして，2回の三角測量を比較した．多固定点法といわれる．この方法では日本が大きいスケールで変位したことはわからないが，固定点間の比較的ローカルな変位が浮きぼりになる．図4.1（a）は原田による福島県より西の各三角点の動きをベクトル（矢印）で示したもので，黒丸印が固定点である．

4.1 東海地震説の発端

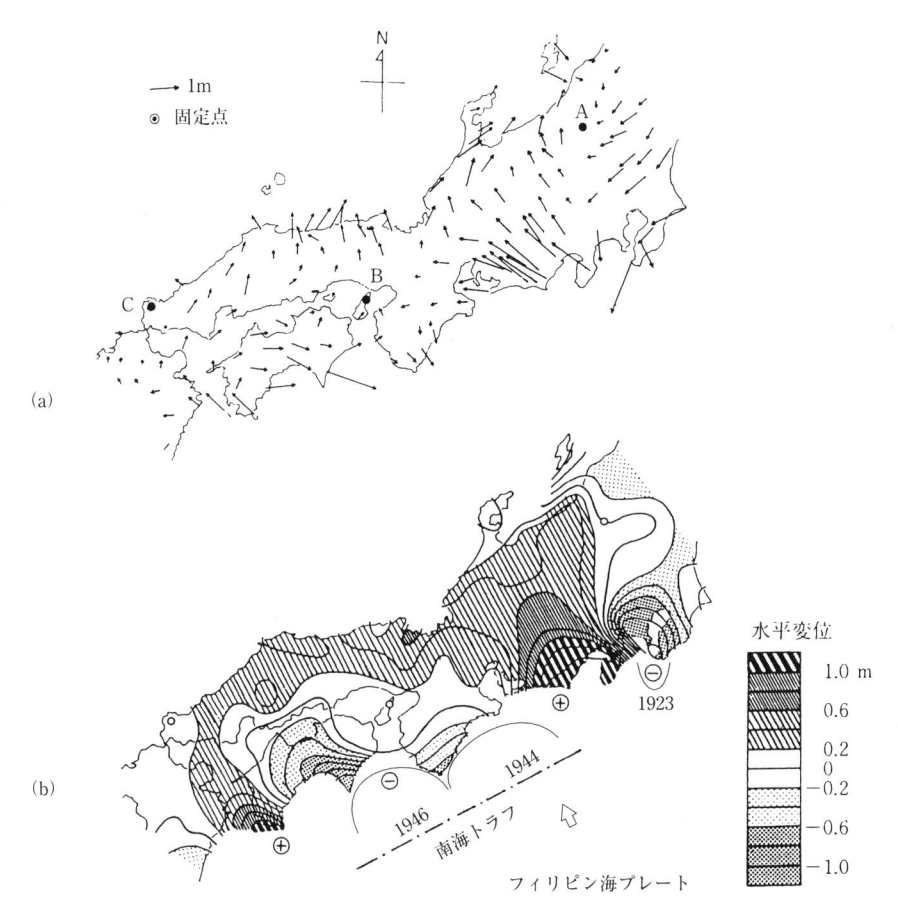

図 4.1 (a) 明治（1983〜1904）と昭和（1948〜1964）の 2 回の測量から得られた三角点の水平移動ベクトル（原田健久ら，1969）
丸印を固定点として求めた．
(b) (a) の水平変位のうち，南海トラフに直角な成分の分布（茂木，1970）
⊕はトラフから陸方向，⊖は陸から海方向への変位．

　この図を見ただけでは，各点が方々に動いているということはわかるが，それ以上のことについてはわからず，原田の論文（1969 年）では解釈なしでこの結果が報告された．

　私はこの結果を見て，これは重要な事実を示している図であると思った．この図を当時生まれて間もないプレートテクトニクスの観点から見たのである．図 4.2 のように，本州が乗っている陸のプレートの下に，太平洋側から海のプレー

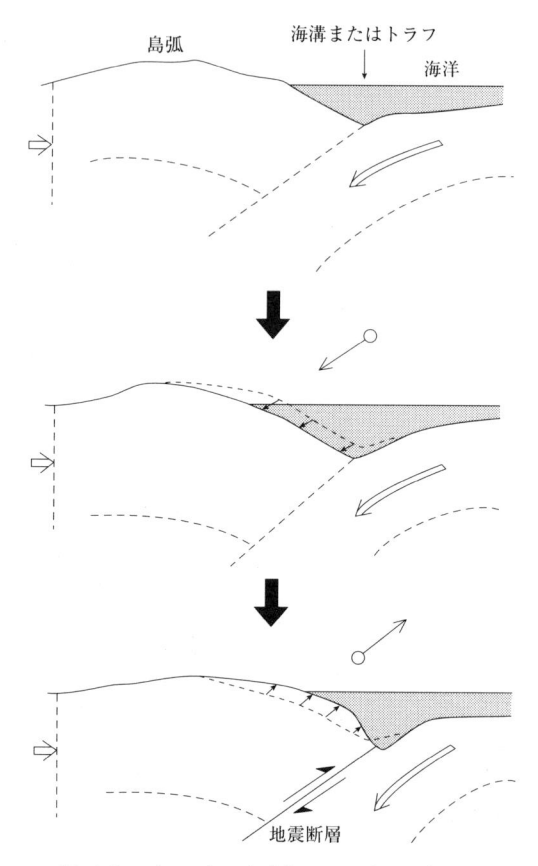

図 4.2 プレートのもぐりこみによって起こる
逆断層型大地震前後の地殻運動

トがもぐりこんで,その境界の摩擦力の限界に達すると急激なすべりが起こり,逆断層型の大地震が起こる.これが海溝型の大地震の起こる機構である.この考えを適用すると,太平洋沿岸側は大地震の前は内陸側に押されて圧縮歪みが増加する.大地震が起こり,プレート境界がすべると圧縮歪みが解放され,沿岸部は海側に変位するはずである.そこで原田のベクトル図について,南海トラフに直角な成分をとり出して,その大きさ分布を図にしたのが図4.1 (b) である.陸の方に変位したものを⊕とし,海の方に変位したものを⊖とした.

図4.1 (b) に2回の三角測量の間に起こった海溝型大地震,つまり,1923年関東地震,1944年東南海地震,及び1946年南海地震という3つの巨大地震を示

4.1 東海地震説の発端

したが，これによって歪みは大きく解放された．図 4.1 (b) に示したこれらの大地震によって，当然のことながらこれらの地域は ⊖（海の方に変位）領域である．ところが，東南海地震の東には著しい ⊕ の領域があるではないか．つまり，この地域は未破壊地域であり，海洋側からの圧縮を受け続けていることがわかる．このことをもとに，私は駿河湾・遠州灘で近い将来巨大地震が起こる可能性があることを地震研究所の研究会（公開）で発表し，1970 年にこの水平変動について英文の論文を発表した．

これを受けて，1969 年にスタートしたばかりの地震予知連絡会は同年の 11 月に東海地域を M8 の可能性のある特定地域に指定し，1974 年にはその後のデータも増え，一層そのことが確からしくなったことから，一ランク上の観測強化地域に指定した．

上に述べた水平変動ベクトルについて，その後，異論が出された．藤田尚美 (1973) は原田による図 4.1 (a) の固定点 A の周囲のベクトルに右まわりに回転する傾向が見られるのを人為的誤差によると考え，回転が見られなくなるように左まわりに回転させ，ベクトルの大きさも小さくして，東海地方の北西への水平変位は存在しないという論文を発表した．このような操作は原田の多固定点法のメリットを無視したものである．もし，このような固定点 A のベクトルを左にまわすならば，その隣接の固定点 B（淡路島）は紀伊半島の南岸沖に行ってしまうことになる．このような左まわりの補正は根拠のないことである．

藤田の発表は 1973 年というごく初期の一試論であったが，1980 年に米国で開催された「地震予知」の国際会議（ユーイングシンポジウム）で，石橋克彦は藤田の図面をそのまま引用し，それを理由として，次のように述べている．「結局，東海地方における信頼すべき水平変動ベクトルはまだ得られていない」．1980 年においても，彼は藤田の図をこの国際会議の論文集に転載し，私の東海地震説を根拠のないものとした．

1970 年の私の論文では，ベクトル図とは全く独立した歪みの圧力方向からも東海地方だけが異常であることを論じている．そのもとになった図は笠原慶一ら (1964) によって求められた歪みの図であるが，各地の歪みの圧縮方向をまとめて見ると，関東，近畿，四国，中国の各地方では圧縮方向がおよそ南海トラフの方向に並行しているが，東海地方を中心とした中部地方の太平洋側では圧縮方向が南海トラフの方向と直角な方向になっていて，原田のベクトル図と調和してい

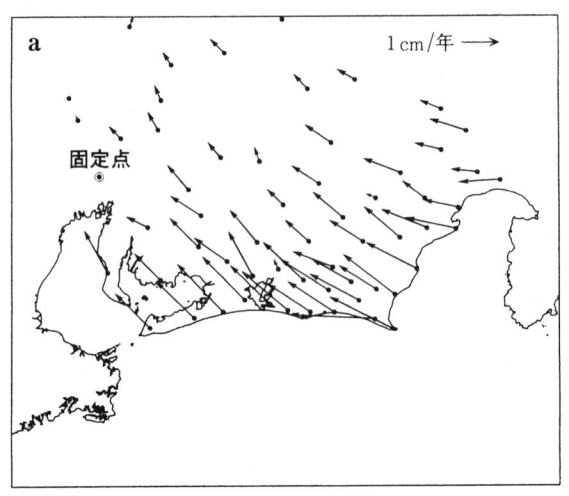

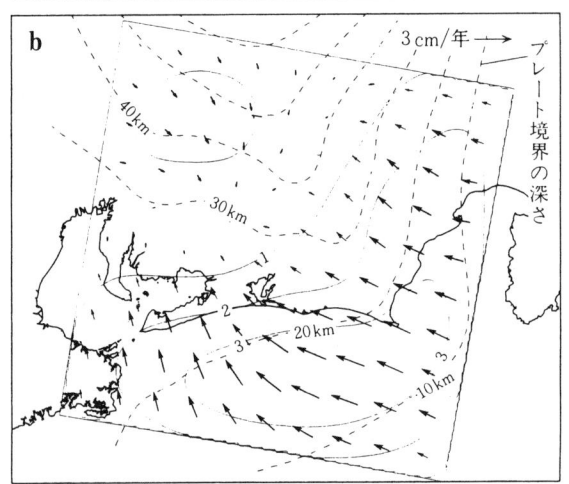

図 4.3 GPS観測で求められた1997年1年間の変位（a）ともぐりこみプレート固着域での引きずりこみ量（b：aから求められた，鷺谷威，1998）

る．

さらに，図4.3に示したGPSによる最近の水平変動ベクトル図（鷺谷威，1998）と原田の図を比較すると驚くほどよく似ていて，原田の図はほぼ正しいと考えられる．以上，述べてきたように，これらの資料にもとづいて提唱した私の東海地震説を否定する理由はない．しかも，図4.1（b）をもとに，私は「駿河湾・遠州灘でM8クラスの大地震が起こる可能性がある」と指摘したのである．

石橋はその6年後に，遠州灘ではなくて駿河湾だとして「駿河湾地震説」を提唱した．しかし，駿河湾だけだとする理由はなく，図4.1 (b) を見てもわかるように，駿河湾・遠州灘での大地震の可能性が考えられ，一般に「東海地震」と呼ばれて今日に至っている．

宇津徳治は近著「地震活動総説」(1999) で次のように書いている．「東海地震の可能性は茂木 (1970) によって指摘された．当初は遠州灘東部を震源域と考えることが多かった (安藤，1975年)．1944年東南海地震の震源域が主としてC領域であり，歴史上の地震も駿河湾北部まで震源域が及んでいないと思われたからである．東京大学が1893年に静岡県に依頼して行った安政地震の調査の資料がたまたま1976年に発見され，これを読んだ羽鳥 (1976年) は津波や地殻変動が駿河湾の奥まで及んでいたと指摘した．石橋 (1976, 1977年) は，東海地震は遠州灘東部だけではなく，駿河湾西岸一帯が震源域になることを強調した．(以下略)」．1976年の石橋の学会での発表が特に大きな社会的インパクトを与えたのは，これまでの説では地震の発生時期について，慎重な態度をとってきたのに対して，大地震の発生の切迫性を強調したためである．そのため彼の「駿河湾大地震説」は「大地震が明日起こっても不思議ではない」「明日起こるかも知れない」と伝えられ，静岡県を中心とする東海地方に大きな不安を与えた．

第3章で述べたように，1975年には中国が海城地震 (M 7.2) の直前予知に成功して，世界を驚かせたばかりであった．このような時期でもあったため，東海地震の予知の早急な実現についての社会的要望が高まった．それを受けて，1976年12月測地学審議会が予知計画の見直しの建議を行い，翌年の地震予知推進本部の決定によって，観測の強化，常時監視体制の充実，判定組織の整備が推進されることとなった．

この結果，気象庁，国土地理院，国立大学などのデータが気象庁の一室にテレメーターで集められ，24時間監視されることになった．これをじっさいの防災に役立てるためには法的裏づけが必要とされ，1978年に「大規模地震対策特別措置法」(大震法と略記する) が制定，施行されている．

予知情報は，法的には気象庁長官が内閣総理大臣に報告し，総理大臣が必要と認めたときは閣議を経て，警戒宣言を出すことになっているが，実質的には気象庁長官の私的諮問機関である地震専門家 (大学教授) による「地震防災対策強化地域判定会」(以下，判定会と略す) の判断が重要である．東海地域に想定され

るM8級の大地震の予知について，体制としては実用化に向けて踏み出しているわけである．

4.2 東海地震の予知の可能性——場所と時期

図4.4は1700年以来，関東から四国にかけて太平洋側で起こったM8級の巨大地震の震源域（断層がすべった領域）を，発生時期とともに示したものである．ここでは伊豆から西で起こった地震に注目する．これらの地震はフィリピン海プレートが駿河トラフと南海トラフにおいて，本州が乗っているユーラシアプレートの下にもぐりこむことによって起こるが，この地域の大地震は100年から150年（平均120年）の間隔でかなり規則的にくりかえし発生してきた．

図4.4の最上段は西日本の応力の変化を模式的に示したものである．応力レベルがある限度に達すると大地震が起こるが，それに先行して西日本の内陸部の応力が高くなり活動期に入る．1995年兵庫県南部地震が起こったときに，私が西日本が活動期に入った可能性があるとの見解を述べたのはこのような時期に入ったのかという考えにもとづくものであった．第2章で述べたように，じっさいにひきつづいて鳥取県西部地震，芸予地震が起こった．

その下の3つの図には，1707年宝永地震（M 8.4），1854年12月23日安政東海地震（M 8.4）と翌24日の安政南海地震（M 8.4），及び1944年東南海地震（M 7.9）と1946年南海地震（M 8.0）の震源域を示した．いずれもM8級の巨大地震で，広域にわたって大災害を与えた．

安政東海地震の90年後の1944年12月7日に紀伊半島沖から浜名湖付近にわたって東南海地震が起こった．この地震の東隣の東海地方はこのときに破壊しないままに残った．つまり，図4.4の最下段の図に示すように，東海地方は1854年の安政東海地震以来，150年間大地震が起こっていないので，歪みが蓄積していて，近い将来大地震が起こる可能性があるというのが東海地震説であり，図4.1で示した通りである．その後も，精密水準測量開始以来ほぼ定常的に駿河湾西岸は沈降しつづけ，伊豆半島との水平距離の短縮もつづいている．このことは駿河トラフ一帯に歪みエネルギーが蓄積し続けていることを示し，それが大地震の発生によって解放されると考えざるをえない．遠州灘沿岸での歪みの蓄積は図4.3からも推定される．

4.2 東海地震の予知の可能性

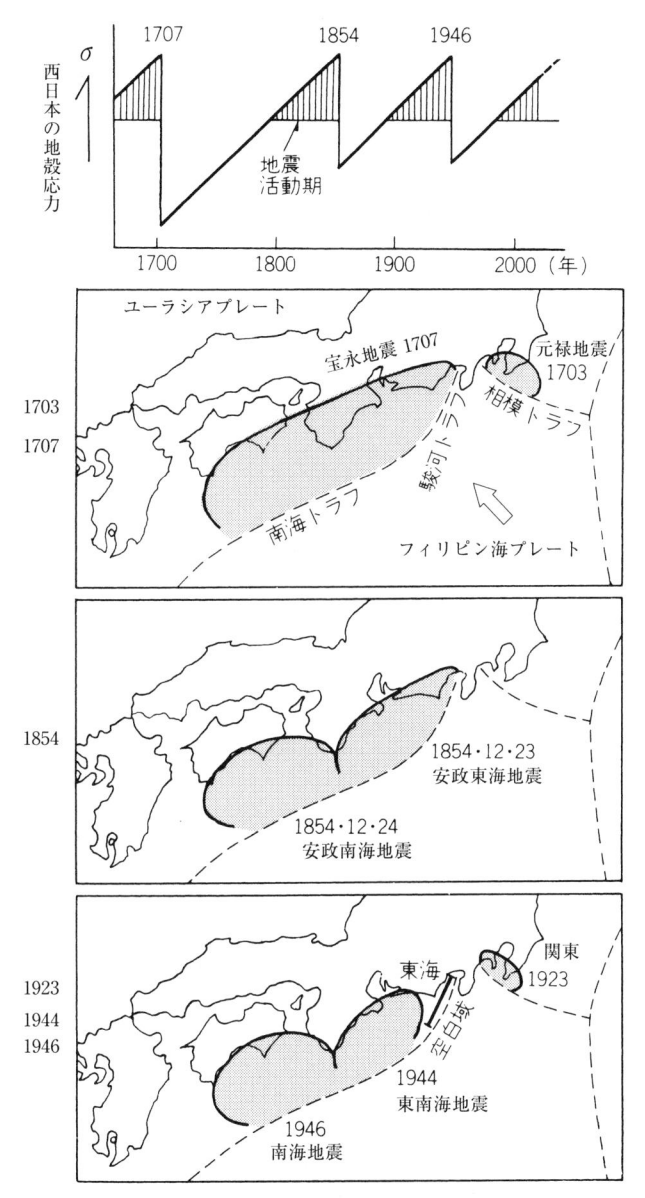

図 4.4 南海トラフ-相模トラフ沿いに発生した元禄・宝永,
安政及び昭和の3回の大地震群の震源域(茂木, 1981)
東海地域が現在第1種地震空白域となっていることを示す. 上の
図は西日本の地殻応力 (σ) の変化.

ところが，これまで，駿河湾・遠州灘の空白域だけで単独で大地震が起こったという記録がない．したがって，2つの場合が考えられる．第1は駿河湾から遠州灘にかけて，トラフ沿いの逆断層型地震として単独で起こる場合で，150年間もなかったので切迫度が高いと考えられる．第2の場合として，駿河湾・遠州灘の単独の地震は起こらず，次の南海トラフ沿いの地震まで待って，紀伊半島から駿河湾までいっせいに東海地震が起こるケースである．この第2の場合はその発生までしばらく余裕があることになる．そのどちらであるかは現状で判断できないので両方の場合を考えておく必要があるが，防災という立場からは，まず第1のケースを想定して，観測の強化をはかり，できれば直前に予知することによって災害の軽減をはかりたい，そういう考えで東海地震対策が進められている．

その場合，行政側は大震法制定にあたり，「東海地域に展開している各種の観測を強化すれば，M8クラスの地震では明瞭な前兆現象が捕捉され，直前予知が高い確度で可能である」との立場に立って対応策を決めている．この問題は重要なことであるので，次節でくわしく説明する．

ここでは，「東海地震」の予知の可能性があるのかどうかについて述べる．もし予知の可能性がないのであれば，予知を前提とした大震法は意味がないし，地震対策も違ってくるからである．地震の前兆現象のあらわれ方には，その地域固有の特性，つまりくせがある．したがって，同じ所で起こった前回の地震の場合にどうであったかが最も参考になる．

それでは，現在想定されている東海地震の場合はどうかというと，前回の地震は1854年の安政東海地震（図4.4）で，その頃は機械による観測がなく，その前兆現象の有無については全くわからない．しかも，現在想定している東海地震は安政の地震とはちがう．したがって，東海地震の前兆現象が観測できるかどうかを知る手がかりはないということになる．しかも，一般にこれまで海溝やトラフ沿いに起こった巨大地震の前兆現象についての情報は少なく，その発生時期を日単位で予知したという例は全くない．

しかし，この地域の西隣で起こった1944年の東南海地震が，南海-駿河トラフ沿いに起こったいわば兄弟の地震ともいえるもので，かなり参考になると思われる．幸い，この地震について明瞭な前兆的地殻変動と思われるものが測定されていたのである．

この測定が行われたのは偶然ではない．今村明恒は太平洋側の地盤の傾動と大

地震の関係に早くから注目し，地盤の傾動を測定することによって地震を予知できるのではないかと考えていたようである．そして，南海トラフ沿いの大地震が100年ぐらいの間隔で起こっており，前回の1854年の安政東海地震後90年を経過していることから，つぎの大地震が近いのではないかと考えて，当時の陸地測量部に東海地方の水準測量による地盤の上下変動の測定を依頼した．そのとき，

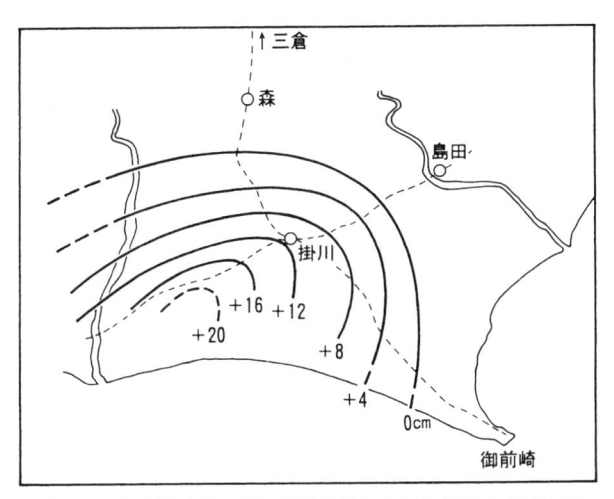

図 4.5 東南海地震の際の掛川付近における地盤の上下変動
(破線は水準路線．国土地理院，1977)

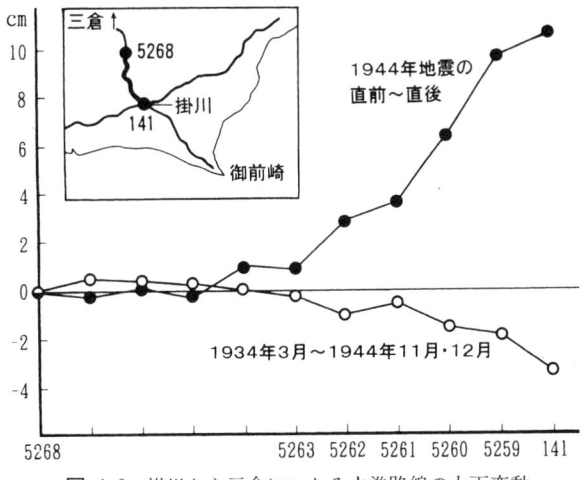

図 4.6 掛川から三倉にいたる水準路線の上下変動
(佐藤裕, 1970)

現在，繰り返し測量を続けている掛川-御前崎間の水準路線を新たに設置したという先見性にも敬服する．

図 4.5 と図 4.6 からわかるように，測量は東南海地震の直前と直後に行われた．この結果から地殻変動の範囲が御前崎を含む駿河湾西岸域に及んでいないことがわかり，現在東海地震の震源域を想定する上での重要な参考資料となっている．

図 4.7 はこのときの掛川付近の水準測量がいつ行われたかを示すものである．水準点間の距離は 2 km であるが，それを 3 等分した所に固定点をおき，各区間を 2 回以上測定して，測定誤差を確認しながら測量を進める．佐藤裕（1970）は地震の前日と地震当日（地震前）に区間②と③でそれぞれ 4.3 mm と 4.8 mm の変化があり，これは測定誤差を超えるものであることを報告した．この佐藤の指摘は，きたるべき隣の東海地震でも前兆的地殻変動が期待できるかもしれないということを示唆するものであった．1982 年に私はこの問題を徹底的に検討するために国土地理院にある当時の測量の原簿にもとづいて調査した．図 4.8 はその結果をまとめたもので，結論的にいえば，地震前の変化はほとんど確実らしく，さらにこの前兆的地殻変動の時間的変化も求められた．それによると，およそ 2 日位前から遠州灘側がもち上るような傾斜をはじめ，12 月 7 日 13 時 35 分の大

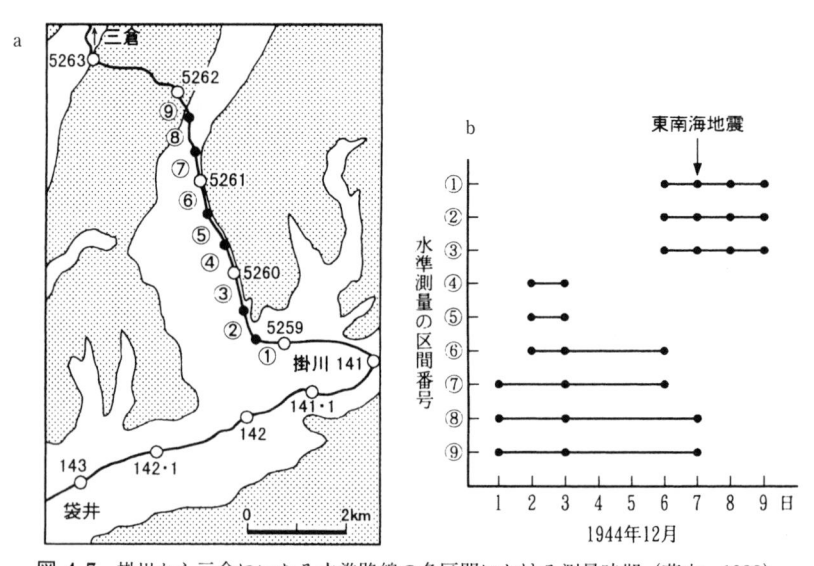

図 **4.7** 掛川から三倉にいたる水準路線の各区間における測量時期（茂木, 1982）

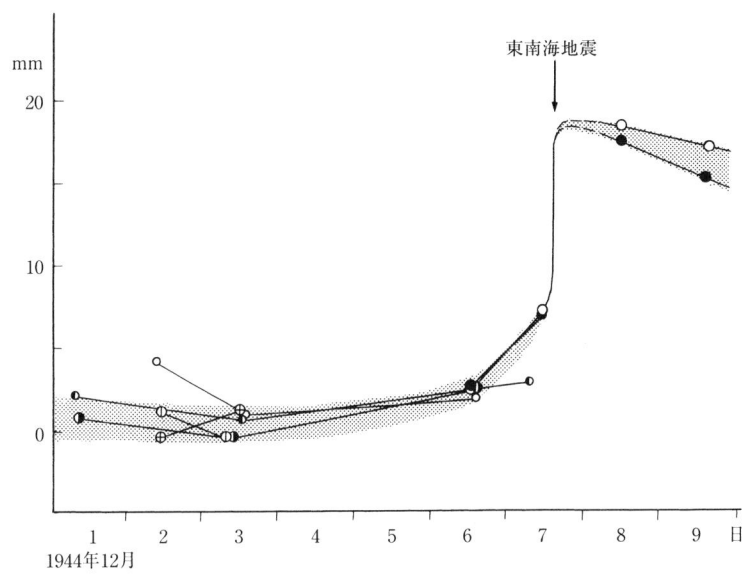

図 4.8　図 4.7 に示した各区間 700 m（②〜⑧）あたりの上下変動から求めた掛川地区の地盤の上下変動曲線（茂木，1982）

地震の発生と共にさらに大きくはね上った．大地震後はもとにもどるような沈降の傾向を示した．地盤の傾斜角の変化曲線は区間①②及び③から図 4.9 のように求められた．

もし，これだけの前兆的な傾斜あるいは歪みがあれば，現在東海地域に展開されている観測網によって十分検知することが可能である．ただし，図 4.8 や図 4.9 が得られたのは 1982 年であって，これが大震法の制定の根拠になったわけではない．

もし，東海地震の場合に掛川でとらえられたような明瞭な直前の地殻変動があれば，現在の観測技術をもってすれば，十分とらえることができ，直前予知の可能性があると思われる．現在の東海地震のための判定会では図 4.9 の曲線を参考にして判断しようとしているようである．

しかし，掛川の地盤変動曲線が東海の場合にも再現されるかどうかはわからない．第 1 の理由は現在想定している東海地震と 1944 年の大地震とでは震源域がちがうこと，たとえ同じ所でもかならず同じように起こるとは限らないということである．第 2 に，1944 年の地震では震源は紀伊半島沖にあり，掛川はそこから北東 150 km も離れており，なぜこのような直前変化が起こったかの物理的解

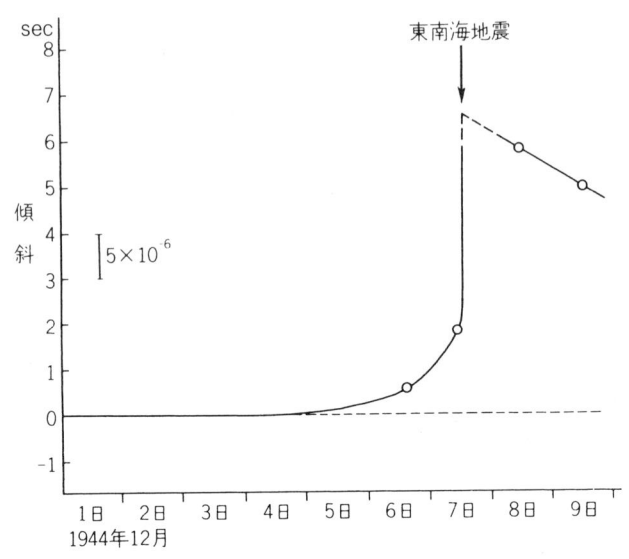

図4.9 図4.7に示した区間 ① ② 及び ③ から求めた地盤の傾斜量の時間的変化（茂木, 1982）

釈がわからないからである．

いずれにしろ，今回は未経験の所での初めての判定をしなければならないのであるから容易なことではないことを関係者は十分心すべきである．

4.3 予知情報の出し方と対応策の問題点

これまで述べてきたように，東海地方でM8クラスの大地震が起こる可能性があることは確かであると思われるので，中国の海城地震のように事前に予知して，人命を救助すべく努力するようにとの社会的要請が高まり，この計画を実施するにあたっては，法的な裏付けが必要であるとして大規模地震対策特別措置法（大震法）が制定され，施行されている．

この法律を制定するにあたっては国土庁と気象庁が中心になり，学識経験者などの意見を聴取したが，できあがった法律ではここに指定された大規模地震では「直前に有効と思われる各種目の集中観測，常時観測体制を強化することにより，地震発生の前兆現象を比較的広範囲にかつ確実にとらえることができる」ことを前提としている．

4.3 予知情報の出し方と対応策の問題点

　実は，これまで海溝やトラフ沿いの大地震でこのようなことがじっさいに観測された例は知られておらず，学識経験者の参考意見でもそういう例はまだ知られていないので，場所によってもちがうし，前兆現象の出現の仕方，その時間的な経過などはわかっていないと述べている．ただし，こういう，地震を予知して災害を軽減しようという考えには大方の人が賛意を表明したが，くれぐれも予知に頼りすぎないようにするようにとの意見が強かった．

　天気予報が行われるようになって久しい．この場合は，気象衛星「ひまわり」で空から雲の状態を常時把握することができるし，気象庁という大きな機関が豊富な人材と機器をもってあたっている．しかも，雲や気圧の状態は西から東に移動するという傾向があるので，中国大陸などの様子は翌日の日本の予報に大いに参考になる．さらに，天気予報は毎日行われるので経験も豊富である．この場合でも，明日は雨か晴天かについて慎重に報道せざるをえない．降雨については確率で0%, 20%, 50%, 100% などと発表している．しかも，その予報が当たる場合もあれば，当たらない場合もあることは我々が毎日経験していることである．予測というものは本来このようにむずかしいものなのである．

　ところが，東海地震の予報においては 0% と 100% の2つのどちらかを発表することになっている．もし，地盤に何らかの異常が出た場合に，それを見て東海地震が起こるか，起こらないかを判定会が判断することになっている．地震は地下で力が加わりつづけ，ある限界に達して起こるものであるが，その地下の深部には観測器はなく，地表の観測から推定するわけである．仮に，前兆らしき変化があってもそれから断定的に地震発生を予測することは一般に大変むずかしい．地震という破壊現象は不確実な要因を本質的に含んでいるので予測はしにくいものであることは第3章で述べた通りである．しかも，大地震のようなものはめったに起こらないのでほとんど経験なしのぶっつけ本番である．観測や判定にかかわっている人もごく少数である．多くの点で，天気予報（単に代表として選んだだけであるが）と地震予知を比較すると，地震予知のむずかしさは明白である．しかも，大震法ではこれに対して 0% か 100% の二者択一を求めているというのはおかしい．

　私は1991年に判定会長（第3代）を委嘱される前から，この問題は大変気になっていた．1987年の地震予知研究シンポジウム（日本学術会議，地震学会共催）で，私は前兆現象の多様性，複雑性を考えると，現行のように，異常な変化

が観測されたとき，大地震がまもなく起こるか起こらないかという黒か白だけの判定では対応できないこと，その中間の注意報ともいうべき灰色の情報を導入すべきことを提言した．このことを，この会議の論文集（1987）の中で次のように書いている．

「大地震に結びつくと思われる明瞭な前兆現象が認められた場合に警報（警戒宣言）を発するわけであるが，やや不明瞭ではあるけれども気になる前兆的変化が認められる場合もあるであろう．また，警報を解除したが，さらにある程度の警戒を続けることが必要な場合もあるであろう．そのような場合は注意報ともいうべきものを出すのがよいのではなかろうか．東海地域のように膨大な人口を有し，各種の社会活動が活発な所では，きめの細かい情報の提供とそれに応じた適切な対応が非常に重要である．」

大震法ができると同時に，警戒宣言が発せられると，政府，地方自治体，各企業，一般国民がどのように対応すべきかが国土庁によって決められた．大震法では予知できることを前提としているために，その対応措置は大地震が起こることを想定したきわめてきびしいものとなっている．

たとえば，警戒宣言が発令されると，東海地方を通る東海道新幹線，東名・中央高速道はストップまたは閉鎖する．東海地方と周辺地域の銀行・郵便局・スーパー・デパート・病院外来は閉鎖され，学校・オフィスは休校・退社するというものである．このような，まるで戒厳令のようなきびしい規制を行うことになっている．

東海道新幹線や高速道が全面ストップすればその社会的損失ははかりしれない．東京圏と関西・中京圏が全く分断されるからである．もし，このような重大な規制を行う場合には，その必要性が確実にあることを示すべきであり，このような規制を行った場合の影響を事前に検討すべきである．つまり，アセスメントを行い，広く意見をきくべきである．

私が判定会長になって，まず，そのことに法的な責任を負っている気象庁長官と国土庁の担当者にただした．ところが，そういうことを行っていないのである．幸い民間のシンクタンクである日本総合研究所が，この問題の重要性を認識して，警戒宣言を出した場合の経済的損失を試算して発表した．それによると，1日あたり概算で7200億円の損失があるという．警戒宣言は何日間続くかわからないが，それを出すと数兆円の損失を覚悟しなければならない（表4.1）．政

4.3 予知情報の出し方と対応策の問題点

表 4.1 東海地震の警戒宣言と注意報による対応の違い（試案）

	警戒宣言	注意報
新幹線	ストップ	徐行運転
高速道	閉鎖	徐行
銀行，郵便局	閉鎖	通常
スーパー，デパート	閉鎖	通常
病院外来	閉鎖	通常
学校，オフィス	休校・退社	通常
社会的コスト	7200億円/日	大幅に減少

府はいまだにこういう問題についての対応策を発表していない．

　ある地殻の変化が認められたとき，それがあとでノイズだったということも十分ありうる．数兆円の損失を覚悟して，白か黒かの二者択一の判定を求められて，黒（警戒宣言）を出せる人はどこにもいないはずである．つまり，大震法という法律や判定会は一体どうあるべきかを考えるべきである．そこで，私は前に述べたような，もっとソフトな情報や対策が必要であると考え，注意報（白と黒の中間の灰色情報）を導入することを提言したわけである（表4.1参照）．会長として在任した5年間，気象庁と国土庁に訴えつづけ，テレビや新聞でも主張した．紙面が限られているので，詳しくは「地震予知を考える」（茂木，1998，岩波新書）を参照されたい．私の考えでは，注意報を適切に運用することによって，この問題は大きく改善される．表4.1の注意報の場合の対応策は筆者の一試案である．

　1995年2月15日の衆議院科学技術委員会に参考人として出席し，大震法制定にあたって中心的な役割をされた原田昇左右議員に「注意報」について説明を求められて詳しく答えたのに対して，彼は「警戒宣言でなくて注意報ぐらいを出したらどうか，ちょっと危いときに．（略）それについて一つ，これは現行法でもうできている．現行法の運用の問題ですから（政府は）ぜひご検討おきいただきたい．たいへん貴重なご意見だと思う」と述べている．ところが，国の命運を明日にでも左右しかねないこの重大な問題が放置してある．私はこれこそ地震予知，いな地震問題の最大の問題であると思っている．この問題を先送りしている行政側とこの問題についてほとんど主張もせず関心も示さない地震専門家に奮起を求めたい．

4.4 現在の活動状況

東海地方はフィリピン海プレートによって北西方向に圧縮されつづけ，歪みが蓄積している状況にあることはすでに述べた通りである．問題はいつ大地震が起こるかである．大地震発生がごく近いことを示唆する何らかのシグナルがあるかどうかである．このことを調べるためには，地震活動と地殻変動の時空間分布の変化が重要な手掛りを与えるはずである．

図 4.10 は（1950～1973 年）と（1974～2001 年 4 月）の 2 つの期間内で東海地方とその周辺で起こった M 5.0 以上の浅い（深さ 60 km 以内）地震の分布図を示したものである．いずれの期間でも伊豆半島の南方沖が活発であるが，左図では東海地方を中心とした地域では比較的活動が低く，散発的である（北部の地震の集中は松代群発地震）．それに対して，右図では駿河湾とその南部の一体は空白であり，その周辺の活動度が高い．これはやや気になるパターンである．

図 4.11 では伊豆半島南端の石廊崎と焼津を結ぶ構造線（第 3 章参照）に沿う幅 25 km の長方形の範囲内で 1997 年 10 月から 2001 年 6 月 11 日までに発生した地震を，AB を通る断面に投影したものを下の図に示す（気象庁，2001）．石廊崎から駿河湾の西岸内部に向かって次第に深くなっている．この構造線の方向

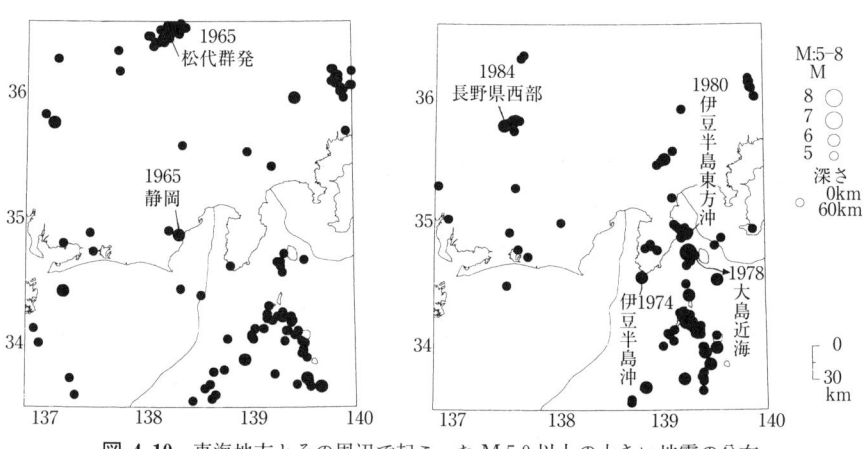

図 4.10 東海地方とその周辺で起こった M 5.0 以上の大きい地震の分布
（茂木，2001；気象庁データによる）
（左）1950～1973 年；（右）1974～2001 年 4 月．

4.4 現在の活動状況

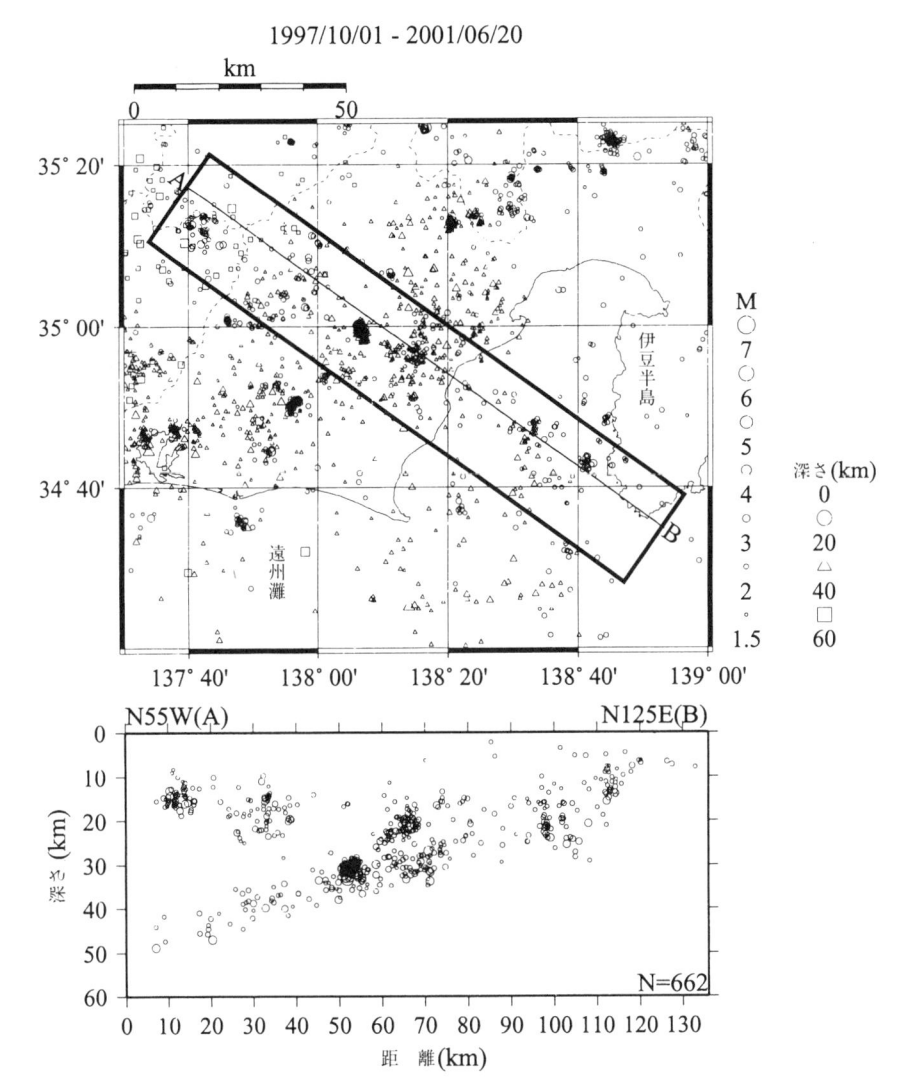

1997/10/01 - 2001/06/20

図 4.11 上の図のAB方向の長方形内の地震の断面を下の図に示す．フィリピン海プレートが北西方向に進み，駿河トラフから北西方向へ次第にもぐりこむ様子がわかる（気象庁，2001）．

はフィリピン海プレートの進行方向で，この断面図内の地震の分布はフィリピン海プレートが，陸のプレートの下にもぐりこんでいることを示す．

　図 4.12 の上図は東海地域内で発生した M 3.0 以上，深さ 40 km 以内に起こっ

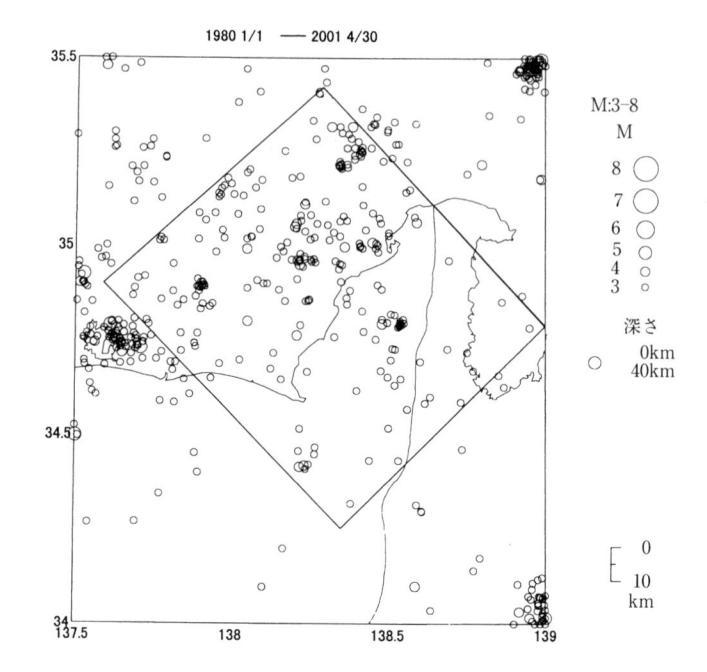

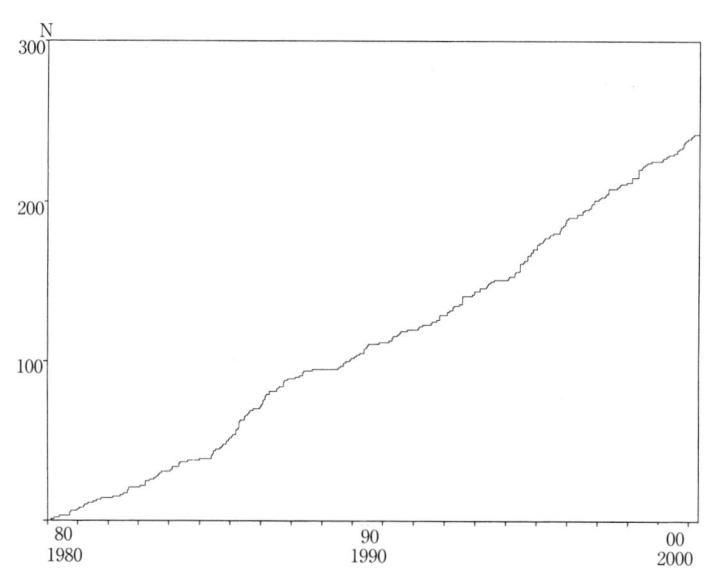

図 4.12 東海地域の地震活動の時間的変化（茂木，2001；気象庁データによる）上の図の四角形の領域内で起こった M 3.0 以上の地震の積算カーブを示す．

4.4 現在の活動状況

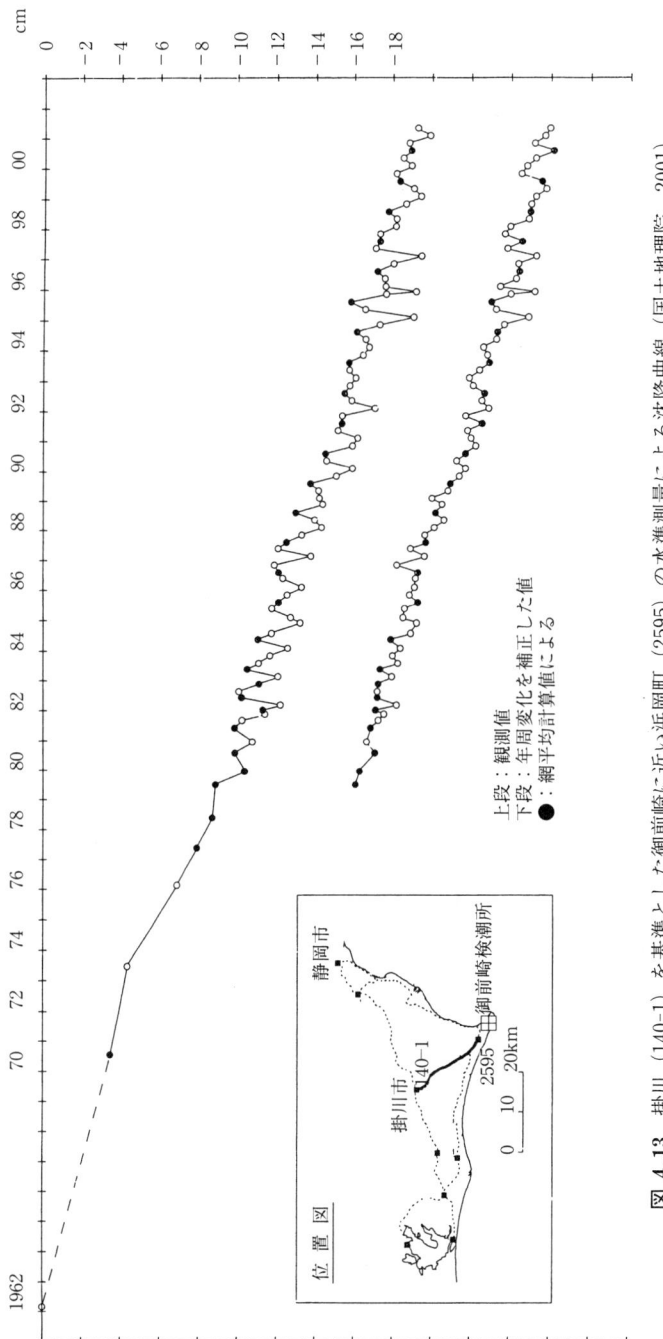

図 4.13 掛川 (140-1) を基準とした御前崎に近い浜岡町 (2595) の水準測量による沈降曲線 (国土地理院, 2001). 上のカーブは測定値で, 下のカーブは季節変化を除いたもの. ほぼ直線的に沈降が続いている.

た地震の分布図である．その中で四角形で示した範囲（東海地域と駿河湾のほぼ大部分）で起こった地震の積算頻度曲線を下図に示す．M 3.0 以上の地震について見ると，この 20 年間ほぼ一定の割合で起こり続けているといえる．しかし，防災科学技術研究所はさらに小さい地震について見ると最近顕著な活動の低下が認められることを報告した．どの大きさの地震に注目するかによって違ってくることがあるので，それぞれの活動の変化について今後のなりゆきを注意深く見てゆく必要がある．

図 4.13 は掛川（水準点 140-1）を基準とした御前崎に近い浜岡町（水準点 2595）の高さの時間的変化を示したものである（国土地理院，2001）．上のカーブは測定値をそのまま示したもの，下のカーブは上のカーブに見られる季節変化と見られるものをとりのぞいたものである．黒丸は掛川-御前崎を含めた環状の水準路線についての測定を実施して決定した値で一段と信頼性が高いもの，白丸は単に掛川-御前崎の路線だけを測定したものである．水準測量の測定精度は一般に非常に高い．この下のカーブから 1980 年頃から若干の上がり下がりはあるけれども，掛川に対して御前崎側（浜岡町）がほぼ直線的に沈下しているといってよい．また，図 4.14 に示すように，これとは全く独立に行われている 1997 年

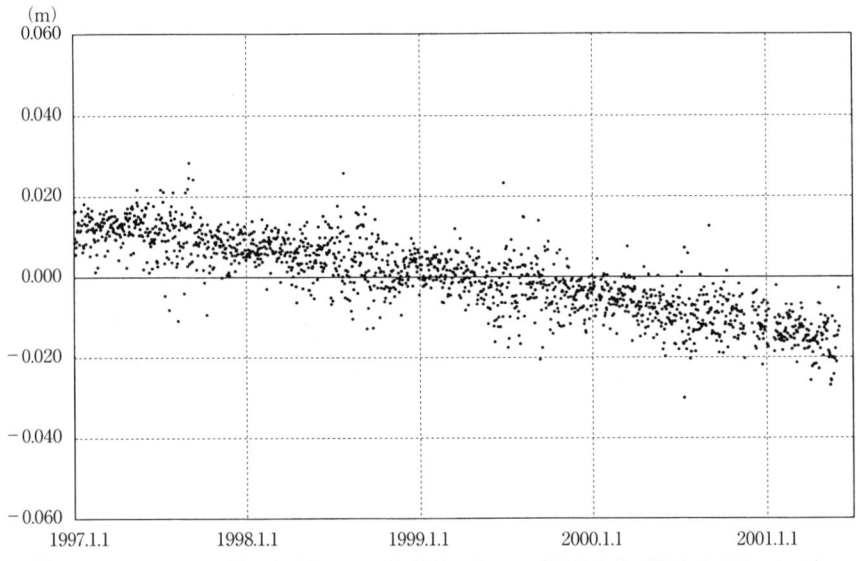

図 **4.14** GPS による掛川を基準とした御前崎の高さの時間的変化（国土地理院，2001）御前崎は直線的に沈降していることがわかる．

4.4 現在の活動状況

からのGPSによる上下変動の測定結果にはかなりバラツキがあるが御前崎は掛川に対してやはり直線的に沈降を続けている．つまり，地震が近づくときに期待されるような沈降の停滞は上記の測量結果からは見られない．

このように，M 3.0以上の地震はほぼ一定の割合で起こりつづけており，プレートのひきずりこみによると思われる御前崎の沈降も一定の割合で進行しているので，これらのデータを見る限り，東海地震の兆候と思われるものは見られないが，しかし，微小な地震の活動の低下が指摘されていることは上述の通りである．また，前兆現象が急に現われることがあるので，これまでの観測を注意深く進めると共に，さらに高精度の歪み計などによる連続観測を強化して監視することが重要である．そのことについては第2章と第3章において，他の例で述べた通りである．

2001年6月19日の中央防災会議の「東海地震に関する専門調査会」で，1979年に中央防災会議で決定された想定震源域の再検討が行なわれて図4.15に示すような案が得られた．この案では，西側を1944年東南海地震の破壊域の東側境

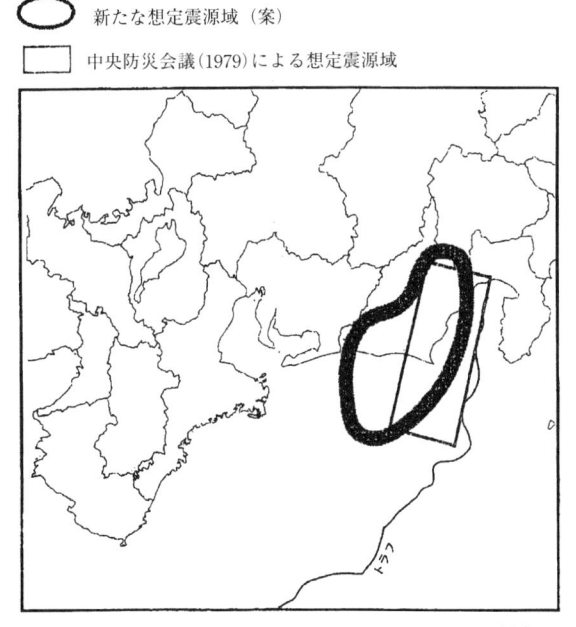

図 4.15 中央防災会議による新たな想定震源域（案）

界（浜名湖東）とし，駿河湾・遠州灘の海側ではプレート境界の深さが10 kmよりも深い所をとり，内陸側では深さ30 km位までをとって想定震源域としている．これまで，防災科研の松村正三（1997）が地震データから，国土地理院の鷺谷威（1998）が地殻変動データを基にそれぞれプレート間の固着域（想定震源域に当たる）を推定している．両者はかなりくいちがっているが，双方ともほぼこの図に示された想定域にある．この新しい案は，1979年当時は不明であったプレート境界の形状が明らかになったことをもとにしており，地震や地殻変動の近年のデータともほぼ調和している．基本的には，1944年東南海地震のときの未破壊部分である，というこれまでの考えと変わりはない．

5. 首都圏の地震

強震計地上観測点（地震調査研究推進本部調べ，2000年3月現在）

5.1 関東の地震活動

図5.1は日本列島とその周辺で1900年以来現在（2001年4月）までのほぼ100年に，深さ70 km よりも浅い所で起こった M 6.0 以上の地震の分布を示したものである．日本列島とその周辺でいかに地震活動が活発であるかがよくわかるし，いわば，一部の地域を除いて，どこででも M 6 以上の地震が起こることを示している．本州や北海道を乗せたユーラシアプレートに太平洋プレートやフィリピン海プレートがぶつかり，海溝でもぐっている．そのため，千島海溝から日本海溝にかけて活発な地震帯が走っている．この地震帯は北海道では根室半島沖，十勝沖にあり，東北地方では三陸沖，宮城県沖，福島県沖と陸地から少し離

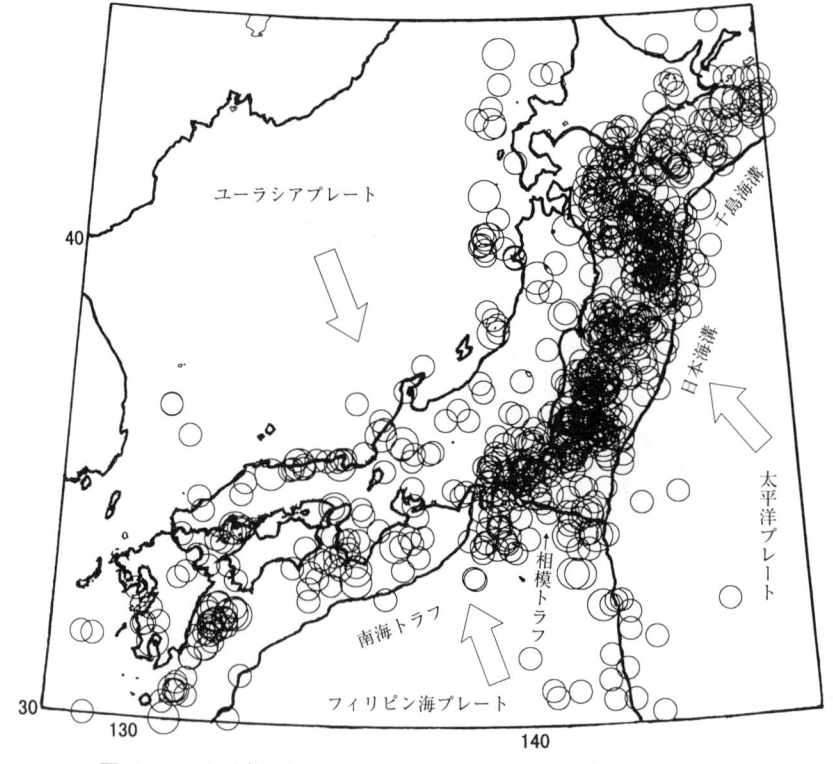

図 5.1 日本列島とその周辺で起こった浅い地震の分布とプレート境界（M 6 以上，1900-2001 年 4 月）

れている．したがって，津波の心配はあるが，地震動による被害はそれほど大きくない．

ところが，これが南下して関東になると内陸に侵入し，首都圏直下を通って相模湾に達している．相模トラフではフィリピン海プレートがユーラシアプレートの下にもぐりこんでいる．つまり，首都圏は太平洋プレートが東から，フィリピン海プレートが南から，ユーラシアプレートの下にもぐりこみながら衝突し，すべりあっているきわめて特異な，地震活動が活発なところなのである．したがって，有感地震が多く，国の内外から初めて東京にきて1か月ほど滞在すると必ず有感地震を体験し，一部の外国人には驚いて帰国する人もいるくらいである．

図5.2は首都圏で1960年から2000年までの40年間に起こったM 4.0以上の地震の分布を示したものである．○印は震源の深さ60 km以内の浅い地震で□印は60～120 kmのやや深い地震である．この図を見ると地震は一様に起こっているのではなくて，かたまりを作って起こっていることがわかる．しかも，太平

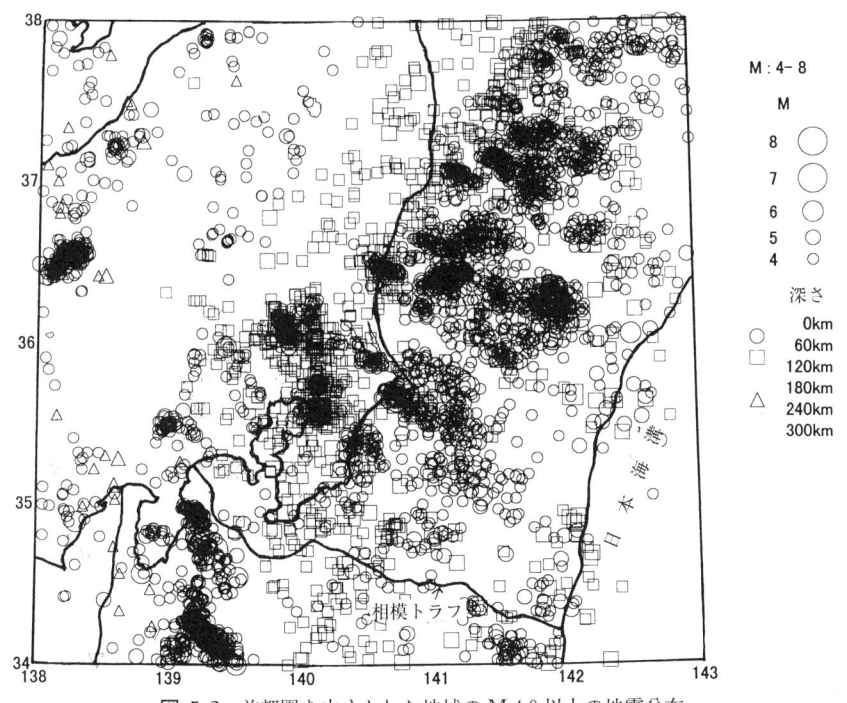

図5.2 首都圏を中心とした地域のM 4.0以上の地震分布
○印は60 kmよりも浅い地震，□印は60～120 kmとやや深い地震（1960～2000年）．

洋側では単なるかたまりというよりも帯状に並んでいる傾向が認められる．たとえば，茨城県沖や銚子沖は地震の頻発地であるが，北西-南東方向に配列しており，その両者の間に地震のない所がはっきり認められる．この北西-南東の方向は太平洋プレートが進行している方向である．

　首都圏の直下では千葉県西北部などをはじめとして，関東一帯で地震が多いが，その多くは 60 km よりも深い□印のものが多い．しかし，それよりも浅い地震（○印）も起こっている．この図を見ると首都圏がいかに活発な地震の巣の上にあるかがよくわかる．地震予知連絡会は首都圏にあたる南関東を「観測強化地域」に指定して注意を喚起している．予知連の関東部会が 1980 年に「首都及びその周辺の地震予知」という部会報告を出した当時の観測状況はまことに貧弱で，部会長としての序文で私は「長期的戦略のもとで，すみやかに観測の一層の強化をはからなければ，将来東京は『地震予知の空白地域』としてとり残されるおそれがあろう．この問題は日本の地震予知計画を推進する上で避けて通ることのできない問題である」と警告したのであった．2000 年末に刊行された「地震予知連絡会 30 年のあゆみ」（国土地理院）の中で，首都圏の観測につとめてきた防災科学技術研究所の岡田義光が「まだ完全ではない部分はあるにせよ，茂木が懸念した『東京が地震予知の空白域として取り残されるおそれ』は，かなり解消されたものと考える」と書いている．関東平野が軟らかい堆積層でおおわれているので深い井戸による観測を充実させ，また，GPS や VLBI（超長基線電波干渉法）という最近の宇宙測地技術によって大いに強化されたからで，着実に目標に向けて前進しつつあると言ってよい．

5.2 関東大地震

　よく，次の関東大地震が近いうちに起こるのかという質問をうける．かつて，河角広が 69 年周期説をとなえ，東京都がその考えで防災対策をとってきたのであるから無理もないことかもしれない．1923 年 9 月 1 日の正午直前に M 7.9 の関東地震が発生し，死者・行方不明者 14 万人という，日本の災害史で最も大きな災害をもたらしてから 78 年が過ぎたいま，次の関東地震が近く起こるのかどうかは大問題であるはずである．この質問に答える前に 1923 年の関東地震について説明する．

5.2 関東大地震

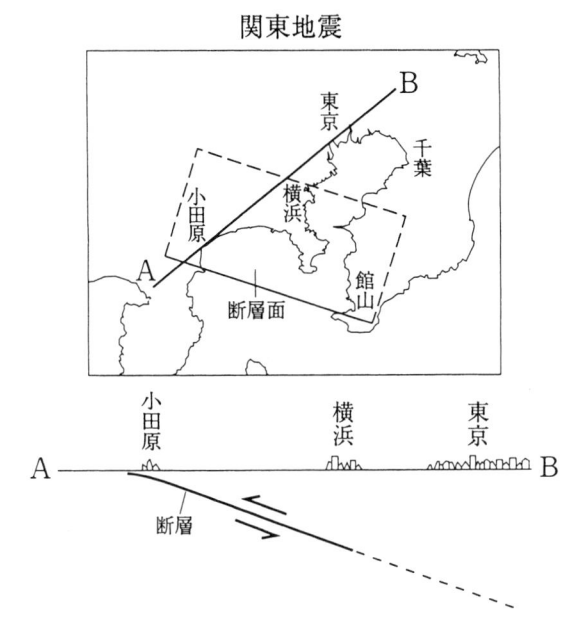

関東地震

図 5.3 1923年関東地震の地震断層の平面図と断面図
(断層モデルは松浦充宏ほか, 1980)

　図5.3に関東地震で急激に動いた断面面の平面図とABに沿って見たときの断面図を示した．断層面は斜めに北の東京の方に傾いたもので下の図に示したように，横浜などが乗っている上盤が上昇する「逆断層」タイプのものであった．上の平面図でいえば断層面は小田原と館山を結ぶ線で地表に達し，横浜の方に行くにつれて深くなる．この断層面は東京や千葉の下にまでは達していない．最も激しくゆれた部分は相模湾の近傍にあった．相模湾には相模トラフという海溝と同じような溝があり，これより南がフィリピン海プレートで，これより北のユーラシアプレートの下へ，斜めに下るようにもぐりこみを続け，両方のプレート境界が耐えきれなくなって破壊し，上盤がはね上って関東地震発生となった．

　図5.4は関東地震による木造住宅の全壊率である．茅野一郎 (1992) によるもので，松沢武雄 (1925) の原図を現在の震度の定義に合うように全壊率を区切ったものである．これを見ると小田原，湘南地方，房総半島先端で全壊率が30％以上となる．

　阪神大震災で震度7の地域が帯状にのびて「直下型地震」の恐ろしさが強調され，これからは震度7にも耐えられる耐震性が必要であるといわれるようになっ

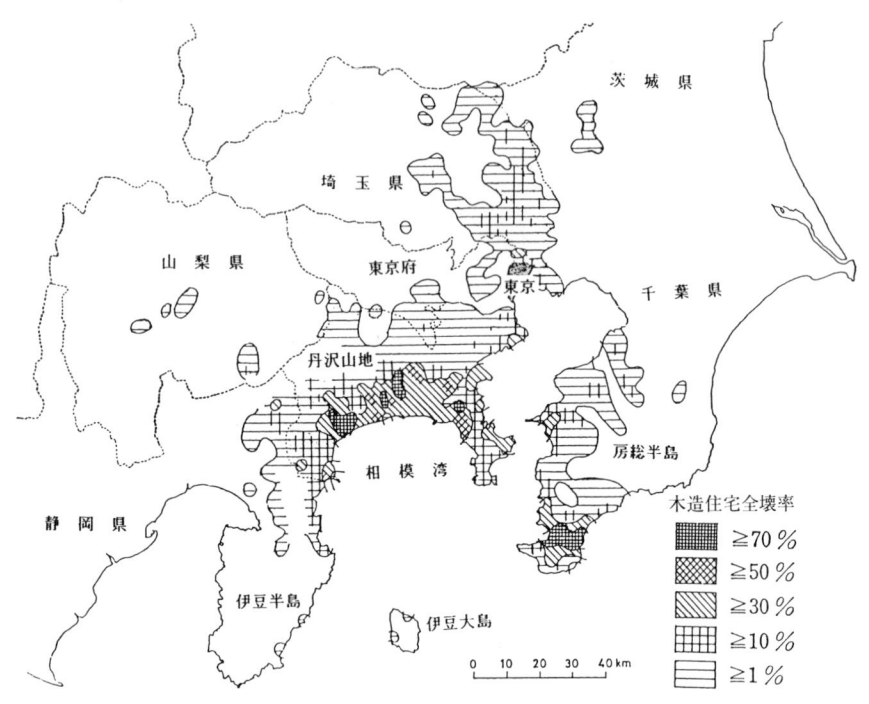

図 5.4　1923 年関東地震による木造住宅全壊率（茅野一郎，1992）

た．しかし，気象庁の震度7というのは「激震，家屋の倒壊が30%以上に及び，山くずれ，地割れ，断層などを生ずる」とされていて，神戸の場合はもっぱら家屋の倒壊率をしらべて震度7の領域を決めた．したがって，1923年の関東地震の場合も，小田原や湘南地方や館山では震度7であり，これらの地域では関東地震は直下の地震であり，激しい震動を感じたことは間違いない．本当はその時にこの激震地の破壊状況を十分考慮した耐震基準をつくっておくべきであった．そうすれば，阪神・淡路大震災によって「安全神話」がくずれたなどということもなかったにちがいない．地震工学者は関東地震による東京の被害例をもとにして検討したようであるが，東京は震源からかなり離れた所にあったので，震動もそれほど激しくなかった．14万人の死者・行方不明者が出たのは主に地震に伴う火災によるものであった．それが結果として，火災は恐ろしいが震動はたいしたことはないという印象を与えてきたように思う．関東地震の場合も，場所によって震動は激しかったのであるが，その震度7の地域である小田原や湘南地方は当時人口密集地でなかったために，あまり重要視されなかったものと思われる．

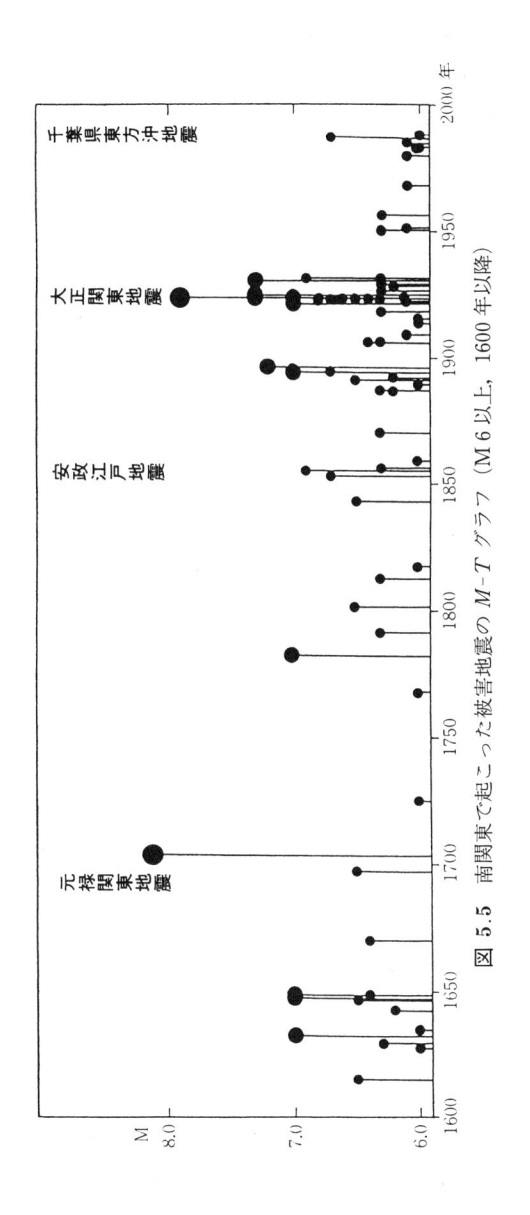

図 5.5　南関東で起こった被害地震の M-T グラフ (M6 以上, 1600 年以降)

さて，首都圏で大きな被害を与える地震は，1923年の場合と同じく相模トラフに沿う大地震と南関東直下の中規模地震である．図5.5は南関東（東京都，神奈川県，千葉県，埼玉県，茨城県南部，山梨県東部，伊豆半島北部）で1600年以降に起こったM 6.0以上の被害地震のM-Tグラフである．この図を見ると，元禄関東地震と大正関東地震がきわだって大きかったこと，これらの巨大地震の前の活動が活発であったこと，そして大地震のあとはしばらく静かになったことがよくわかる．

大正関東地震の直後は活発な余震があったが，その後，ほとんどめぼしい地震はなかった．1987年に千葉県東方沖地震（M 6.7）が九十九里浜の沿岸の直下で起こり，若干の被害があったくらいである．その時の調査で最も印象に残っているのは実に沢山のブロック塀が倒れている光景である．千葉県によると，一部破損を含めると，ブロック塀・石塀の被害箇所は2,792に達した．また，崖崩れや液状化もあった．死者2名であったが房総半島の太平洋側の人口密度があまり高くないので人的被害がこの程度ですんだ．地震がもっと西の内陸の人口稠密地帯で起こったら大惨事となった可能性があったと思われる．それ以外はこの図でわかるように目立った地震は起こっていない．このように，巨大地震が起こると，南関東の広域にわたって地殻の歪みが解放され，しばらく静穏になる．

関東地震のような大地震が起これば，大震災となる可能性は大きい．したがって，そのような巨大地震がいつ起こるのかが重大な関心事となる．図5.5を見てわかるように，1703年の元禄関東地震と1923年の大正関東地震の間隔が200年以上ある．過去の歴史地震を見ると，南海トラフ沿いの南海地震の場合のような周期は見出されず，その発生間隔が長い．したがって，私が参加していた中央防災会議における検討結果では，関東地震のような巨大地震の発生は少なくとも100年以上先のことで，切迫性はないと結論された．巨大地震の起こり方を考えるにあたって，上に述べた河角広の69年周期説はあてはまらない．とはいえ，次の関東地震に対する備えを怠ってはならない．自然現象は我々の予想をこえて起こる場合があることも念頭においておく必要がある．第1章で述べた今回の三宅島の噴火と巨大群発地震を誰も予想しなかったという例もあるからである．

それでは，大正関東地震についてなんらかの前兆があったか．図5.5からわかるように，長期的に地震活動が次第に増大していたという事実がある．それに加えて，その空間分布にいちじるしい特徴があった．図5.6（a）にこの活発化し

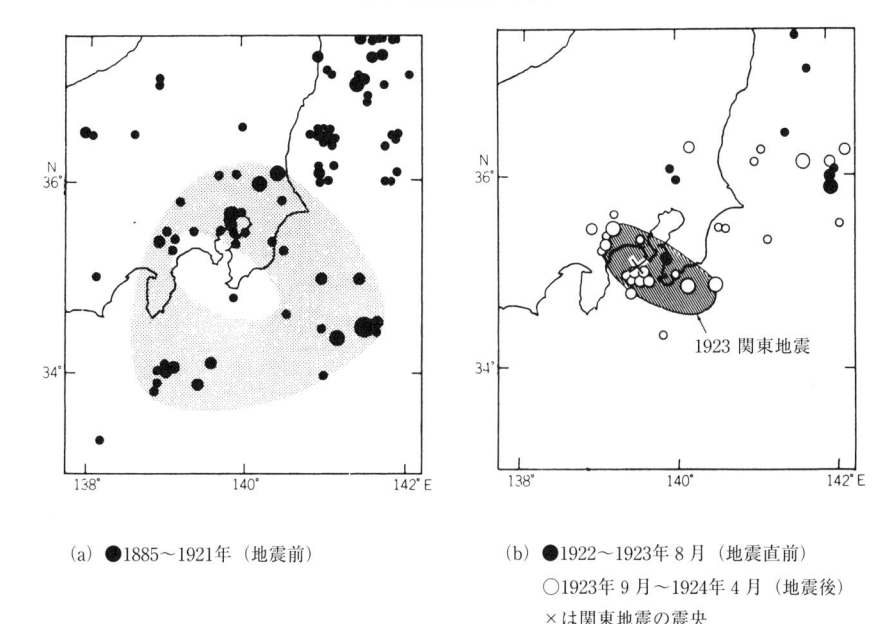

(a) ●1885～1921年（地震前）　　　　　(b) ●1922～1923年8月（地震直前）
　　　　　　　　　　　　　　　　　　　　○1923年9月～1924年4月（地震後）
　　　　　　　　　　　　　　　　　　　　×は関東地震の震央

図 5.6　1923年9月1日の関東地震（M 7.9）前後の地震活動（$M \geqq 6.0$）（茂木，1980）

た大地震前の地震（M 6.0 以上）の分布を示し，同図 (b) に関東地震の震源域を示した．大地震の前はその震源内は静穏で，それをとり囲むように周辺で活発であった．私はこれをドーナツパターンと呼んだが，同様の現象が他の地震の前にも見られ，これは長期的前兆現象の1つとみなされている．東京はドーナツパターンの活動域にあたっていて強い地震が頻発した．この時期に当時の地震学の第一人者であった大森房吉と今村明恒が大地震が起こるかどうかについて長い論争を続けたが，そのような議論があって当然という状況であった．

　関東地震は今日の観測レベルをもってすれば，短期的に予知できる可能性があったのだろうか．当時は感度の低い地震計による観測しかできなかった．1921年に茨城県南部で M 7.0，1922年浦賀水道で M 6.8 のかなり大きい地震がたてつづけに起こり，小被害があったが，これらの地震はいまから見れば関東地震の前震であった．また，停止していた熱海の間欠泉が，周囲の温泉の規制が行われてまもなくではあったが，1923年7月頃から復活し，とくに地震前日には長時間噴出をつづけた．これは明瞭な前兆であった．また神奈川県などの温泉や井戸に異常があったことも報告されている．

これらの変化はこの地域で地殻変動の異常があったことを示唆するもので，高感度の地殻変動観測を実施していれば，前兆的地殻変動をとらえることができたと思われる．このように，ドーナツパターンの出現，前震の発生，温泉や井戸の変化などを考えると，次回の関東地震は近代的な観測のいっそうの充実によって予知できる可能性は高いと考えられる．

一方，M7クラスの中規模地震については，大正関東地震から78年たった今日，もういつ起こってもおかしくない時期に入りつつあることが図5.5からもわかる．1855年に東京の直下で起こった安政江戸地震はM6.9であったが，死者1万余，倒壊した家屋1万4,000余という大被害をもたらした．したがって中規模地震が人口稠密な南関東のどこで起こるかも重要な問題で，その予知をめざして，各種の観測を行っているが，地表でのノイズが大きいこと，軟らかい地層に厚くおおわれていることなど，観測のための条件が悪い．高精度の観測を行うため，防災科技研は3,000m級の深井戸による観測点を4か所，2,000m級の観測点を14か所に設置して，地震観測，地殻歪み（または傾斜）の観測を行っている．GPSとVLBIによる宇宙測地測量も充実してきた．このように，首都圏での観測は最近急速に強化された．もし，目ぼしい変化があれば検知できるようになりつつある．

中央防災会議ではM7クラスの地震の起こりそうなところを検討したが，現

図 5.7 南関東地域直下の地震で大きい被害が生ずるおそれのある地域（中央防災会議による）

在とくに可能性の高いところを特定することはできないとし，南関東地域直下の中規模地震によっていちじるしい被害が生ずるおそれのある地域の範囲として，図5.7を発表した．黒色の帯の南側がその範囲で，1回の地震でこの範囲内の一部が震度6以上となる可能性があるというものである．ただし，これはプレートのもぐりこみ境界（およびその近く）で起こる地震を想定したもので，ほかに活断層の活動によって起こる浅い地震も考えなければならないはずであるが，この種の地震については切迫性が不明なため，この図では考慮されていない．わが国の社会経済活動の中枢機能が集中し，莫大な人口をかかえる首都圏の足元がブラックボックスの状態で，いつ大きい地震が起こるのかわからない状態であっていいはずはない．あらゆる方法を駆使して，地震の発生を予測して迎えうつようにもっていかなければならない．

　さて，南関東直下の中規模地震が近い将来，一体どこで起こる可能性があるのかが重要な問題であることを述べた．ここで，第1章で述べた三宅島噴火がこの問題を検討する手掛りを与えるかもしれないということについて述べる．というのは，三宅島噴火と共に起こった三宅島から北西方向への地殻内のマグマの貫入によって，この地殻内の割れ目の北東側が北東方向に大きく変位したからである．この北東方向への変位は遠く伊豆大島，房総半島，さらに関東中部にも及んだ．例えば，房総半島の館山では，北北東方向（北から34°東の方向）に，2000年6月から10月の3か月弱の間に，北関東の八郷を固定にして4.7cmも急速に変位した（国土地理院による）．

　南関東における歪みの蓄積はフィリピン海プレートのゆっくりしたほぼ北方向への移動によるものであるが，この定常の動きの6倍以上も速い速度で移動したのであるから急激な力が南関東に加わった．したがって，もし，この地域で力が臨界値に近い所があれば，破壊（つまり，地震）が起こる可能性があると考えられる．噴火という自然の変動が一種の大規模な加圧実験となったはずである．このように考えて，南関東の地震活動が6月～10月を起点として変化したかどうか，あるいはどこで変化したか，しなかったかを調べてみた．結果は南関東のどこかでこの時期に目ぼしい変化があったということは認められなかった．このことから筆者が調べた南関東では，臨界状態にあってすぐにも目ぼしい地震が起こりそうな所はなかったと言えそうである．もちろん，この調査は予備的なものでさらに詳しく検討すべきことであるが，1つの安全性を示唆するデータと言える

だろう．だからと言って油断していけないことは言うまでもない．なお今後の経過を見守る必要がある．

6. 世界の地震

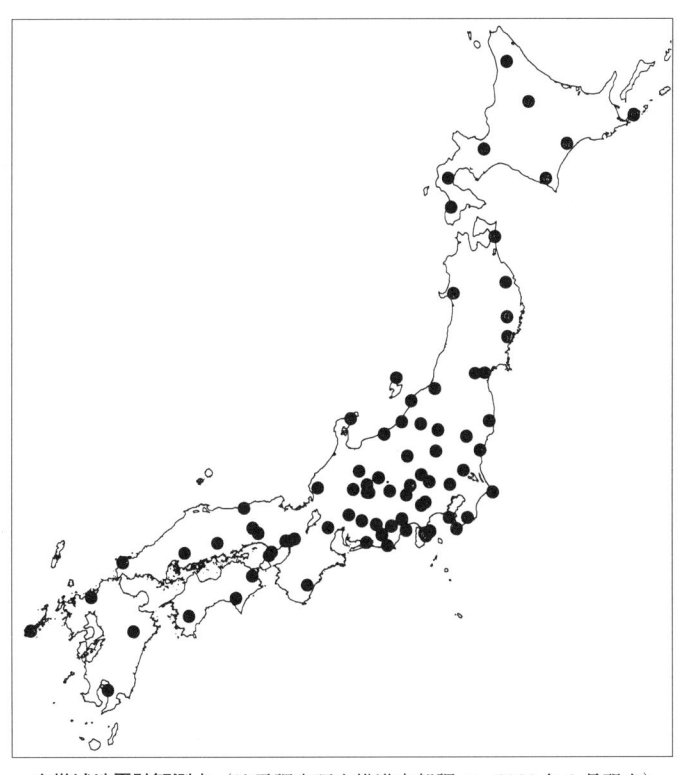

広帯域地震計観測点（地震調査研究推進本部調べ，2000年3月現在）

6.1 グローバルな地震活動

最近,大きな地震災害が各地で報じられている.世界的に見て地震活動はどのように変動しているのだろうか,そして,現在は活動期にあるのか静穏期にあるのかは大いに関心のある問題である.

地球全体の地震活動が時間とともにどのように変化してきたかを取り扱った研究はいくつかある.たとえば,ドゥーダ(Duda, 1965)は,地震活動の時間的変化をみるために,彼自身世界の地震の表をつくり,地震によって放出されたエネルギーの時間的変化を報告している.それによると,地震によって放出されるエネルギーには大きな変化がなく,ほぼ一定の割合であるという結果であった.

しかし,地震エネルギーの放出曲線は最大級のいくつかの地震のエネルギーによってほとんどきまるので,大きい地震の放出エネルギーを正しく評価しなければならない.ドゥーダはリヒターのMを用いてエネルギーを計算したが,第2章で述べたように,M8級以上の巨大地震の規模はリヒターのMによってよく

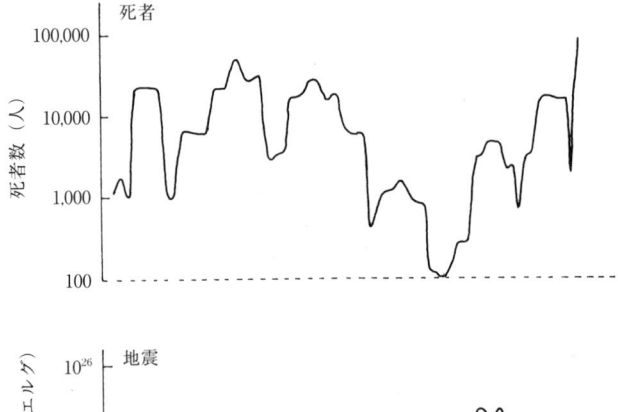

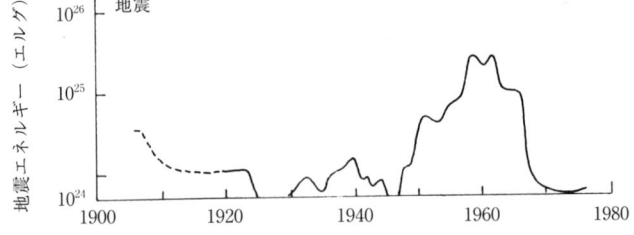

図 6.1 (上) 全世界で大地震によって失われた死者の数の時間的変化
(下) 世界の地震によって放出されたエネルギーの時間的変化
いずれも金森博雄(1978)の図中の平滑曲線.

6.1 グローバルな地震活動

表わすことができず,したがって,この M を用いて世界の地震エネルギー放出曲線を求めたものはほとんど意味をもたないことがわかってきた.

そこで,金森 (1978) がこのような巨大地震の尺度として適当な M_w (モーメントマグニチュード) を提案したことは第 2 章で述べたが,彼はそれを用いて地震エネルギー放出曲線を求めた (図 6.1 の下のカーブ). それをみると,エネルギー放出量は時期によって大きく変化し,1960 年を中心とした 20 年間にピークがあり,1950 年以前も,1970 年以降も放出量は小さい. このエネルギー曲線からみる限り,1960 年前後が最盛期であったと結論される.

ところで,金森は同じ論文で,地震による死者の数の変化を示す曲線を報告した (図 6.1 の上のカーブ). 地震によって多数の死者が出るということは大問題である. ところが,この死者の数の変化曲線を見ると,やはり大きく変化しているが,1950 年代が著しく少なく,まるで,地震エネルギーの放出曲線と逆になっている. 個々の地震をとれば地震による被害は必ずしも地震の大きさと比例するものではない. 中規模地震でも大都市の直下で起これば甚大な災害を与える. したがって,死者の数の変化曲線は地震活動の変化そのものを表わすとはいえない.

しかし,もし地震活動と全く無関係な社会的要因によるのであれば,もっと不規則に変動しながら,大局的には単調に変化しそうなものである. ところが,平滑化された曲線であるとはいえ,1950 年代に極小値を示し,比較的なめらかに大きく変化している. 私はこれもやはり地震活動の変化を反映しているのではないかと考えた. もし,これが地震活動を反映しているとすると,1950 年代は極めて静穏な時期であり,最近は活動が高くなっているということになり,図 6.1 の 2 つのカーブから見た地震活動の推移は全く異なり,むしろ互いに逆の傾向を示しているとさえいえる. この一見矛盾した結果をどう考えればよいのだろうか.

私は世界の個々の地震帯の活動の時間的変化を検討したことがある. それによると,地震帯によって,活動期と静穏期があって,その時期は同じではなく,緯度によって違うことがわかった. 図 6.2 は北緯 40° 以上と南緯 40° 以上の高緯度地方と,赤道を含む南北 40° 以内の低緯度地方の 2 つに分けて,地震活動の時間的変化を示したものである. 縦軸に M_w と M をとり,両方のグラフを示した. 本当はこういう大きい地震については M_w の方がよいのであるけれども,特に

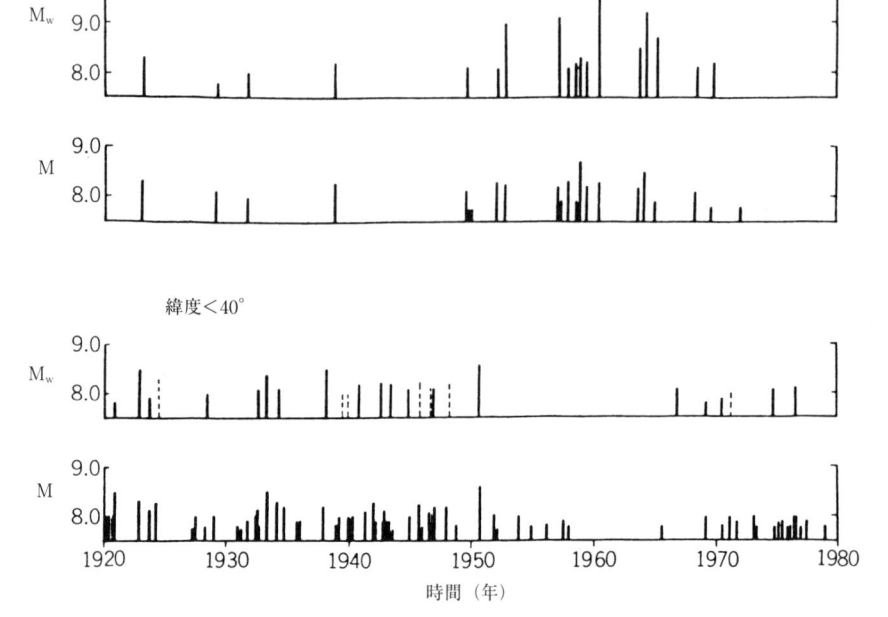

図 6.2 高緯度地方（40°以上）と低緯度地方（40°以下）に二分した地震活動度の時間的変化（茂木，1979）

地震活動度を表わすために浅い大地震の M_w および M の両者をプロットして示したが同一の傾向を示す．

大きい地震についてだけ M_w が決定されているため欠落が生ずるので，M 7.8以上の M についてのグラフも示したのである．M_w が 7.8～8.0 位では M_w と M との違いが小さいので，M を用いたグラフも参考になる．じっさい両方のグラフは同じ傾向を示している．

この図を見ると，高緯度地方と低緯度地方の活動の時間的変化が全くちがうことがわかる．高緯度地方では 1950 年から 1970 年までの 20 年間に非常に活発で，特に M_w 9 以上の超巨大地震が 4 回も起こった．最大の地震は 1960 年のチリ地震（M_w 9.5），次は 1964 年のアラスカ地震（M_w 9.3）である．図 6.1 のエネルギー放出曲線はほとんどこれらの超巨大地震によってきまっている．

それに対して，低緯度地方ではそのような超巨大地震は 1 回も起こっておらず，比較的規模の小さいものが多数発生しているため，エネルギー放出曲線にはほとんど反映されていない．しかし，興味深いことは，高緯度地方で大きい地震

6.1 グローバルな地震活動

が続発した1960年前後には低緯度地方の活動が逆に極めて低調だったことである．高緯度地方は人口密度が低いため，M_w 9クラスの巨大地震が起こっても人的被害は少ないが，地球のほとんどの人が住んでいる低緯度地方では人口密集地が多く，中規模地震によっても人的被害が大きくなる．図6.1の上の死者の数の曲線はまさに図6.2の低緯度地方の地震活動の変化によく対応している．将来の地震災害の予測に役立つのは，必ずしも地球全体の地震エネルギー放出曲線ではなくて，低緯度地方の地震活動度の変化である．もちろん，さらに地域ごとの活動度の変化が重要であるが，ここで述べているようなグローバルな活動の変化も視野に入れておくことは重要である．

図6.3は縦軸に緯度をとり，横軸に時間をとって示した時空間分布図である．このような図ははじめ茂木（1979，1993）が報告したが，この図は最新のデータによる宇津（1999）の図をもとにし，現時点までの地震を追加して示したものである．これを見て注目すべき特徴をあげれば次のような点である．

(1) アラスカ地震をはじめとした北の高緯度地方で1960年前後に大地震が続発した（このことについてはさらに詳しく述べる）．

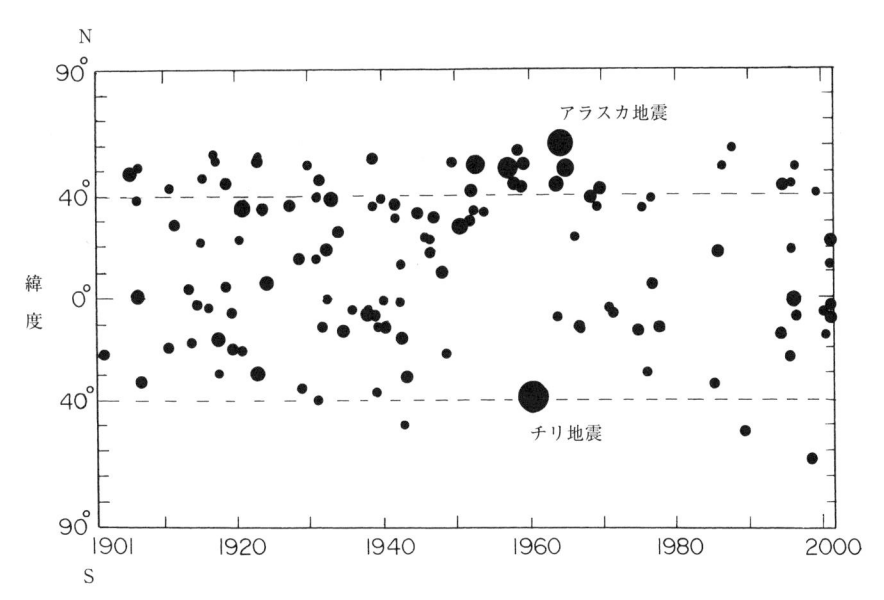

図 6.3 浅い大地震（$M \geqq 7.8$）の時間-空間分布（宇津，1999；茂木，1979，1993，2001 による）
　　　　縦軸は緯度，横軸は時間．黒丸の大きさはMによる．

（2） 1960年のチリ地震の前後10年以上にわたって低緯度地方の広い範囲でM 7.8以上の地震がほとんど起こっていない．

（3） 1980年代前後の20年間位は全域で活動が低かったが，最近の数年間はやや活発である．

さて，上にあげた（1）の1960年前後の大地震の集中的な発生で見られる特徴について述べる．図6.4の上の図は太平洋プレートが北米プレートとユーラシアプレートの下にもぐりこむプレート境界とこの境界で発生したM 7.8以上の浅い大地震の震源域とその発生年を示したものである．この7000 kmにも及ぶ長いプレート境界に沿って，比較的短期間内にそれを埋めつくすように大地震が起こった．地震空白域を埋めるように起こったよい例である．

図6.4の下の図は，このプレート境界を線で示し，1920年から1979年までの60年間について，各10年間に起こった地震の震源域を黒くぬりつぶして，大地震の起こった場所と時期をわかりやすく示したものである．この図から次のことがわかる．

（1） この60年間のうち，1950～1969年の20年間にほとんどの地震が起こった．つまり，ここでは活動期と静穏期があることが明瞭に認められる．

（2） 活動期には7,000 kmにも及ぶ長大なプレート境界で大地震が連動して起こった．

（3） この活動期にはM_wが9以上の超巨大地震が3回も起こった．すなわち，1964年アラスカ地震（M_w 9.2，断層の長さ800 km），1957年アリューシャン地震（M_w 9.1，長さ1,200 km），1952年カムチャツカ地震（M_w 9.0，長さ650 km）である．このように太平洋プレートの北部で比較的短期間にこれらの大地震が連発してタガがはずれたとすると，太平洋プレートの運動速度に変化を与えた可能性がある．将来，このような活動期がきた時は，プレート運動の速度を高精度で測定できる宇宙技術（VLBI，超長基線電波干渉法）が開発されたので，それによって，この変化を観測できるかもしれない．

図6.4では1980年以降が示されていないが，図6.3からわかるように，その後は上に述べたような超巨大地震を含むような活発な活動はない．

しかし，最近，大きな災害をもたらした大地震が続発した．1999年のトルコの地震，同年の台湾の地震，2001年のエルサルバドル地震，同年のインド西部地震である．次節以下において，トルコ，台湾，インドの地震について述べる．

6.1 グローバルな地震活動

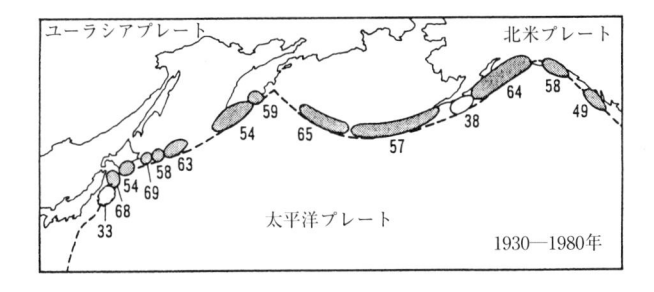

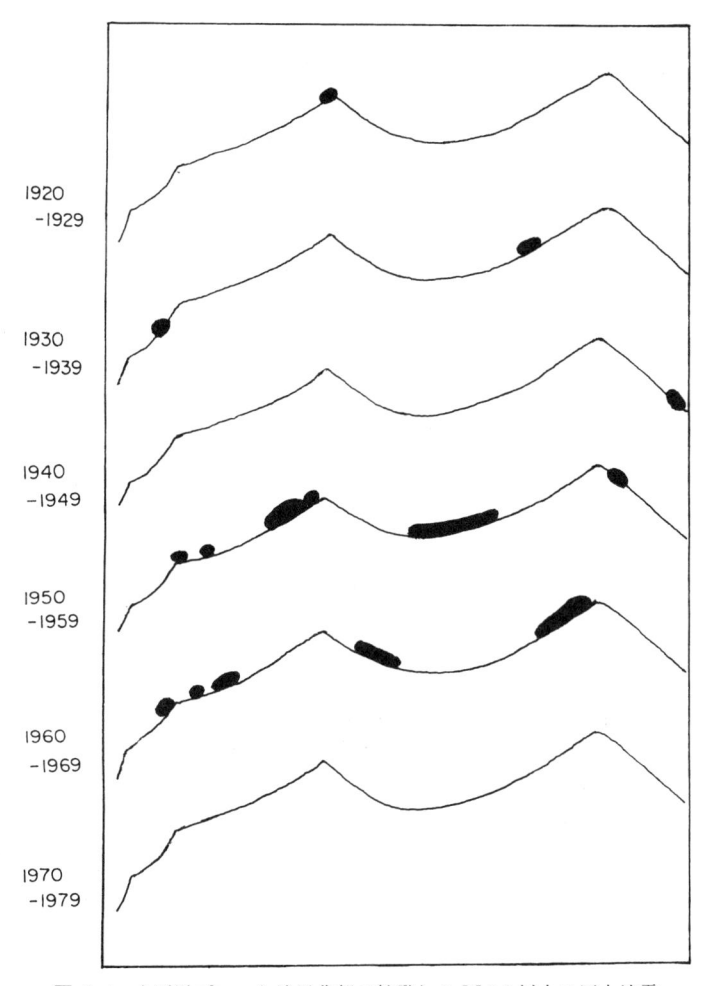

図 6.4 太平洋プレート境界北部で続発した M 7.8 以上の巨大地震

6.2 トルコの1999年コジャエリ地震 (M 7.8)

1999年8月17日,トルコのイスタンブールに近いイズミットを中心にM 7.8 (M_w 7.5) のコジャエリ地震が起こり,死者1万7,000人余に達する大災害をも

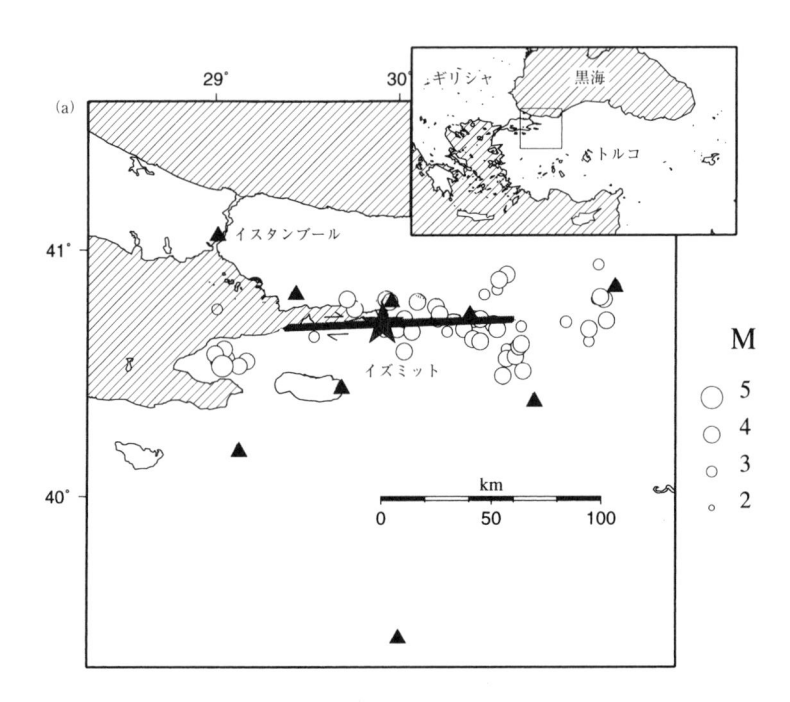

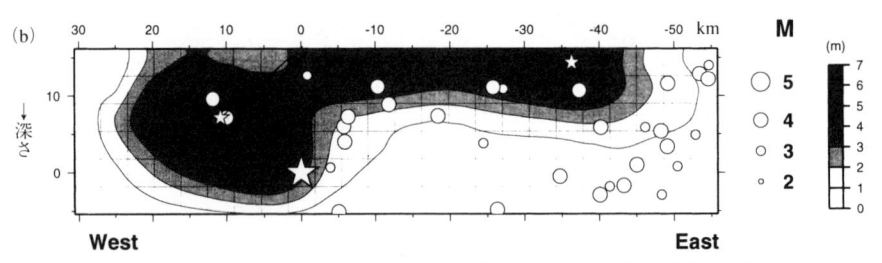

図 6.5 (a) コジャエリ地震 (M 7.8) の本震(星印)と地震断層の位置(○印は余震,▲印は地震計)
(b) 地震断層面内のすべり量の分布と本震(大きい星印)(○印は余震)
(八木勇治・菊地正幸,2000)

6.2 トルコの1999年コジャエリ地震（M 7.8）

たらした．この地域の建物の耐震強度が低かったこと，人口密集地であったことが災害を大きくした．

八木勇治・菊地正幸（2000）によると，この地震はイズミットを通る東西約70 kmの右横ずれ断層が急激に動いたもので，断層面は最大で7 mほどすべった．図6.5（a）に本震と余震，及び東西方向の地震断層の位置を示した．▲印は解析に用いた強震計の位置である．同図（b）はこの地震断層面内のすべり量の分布と本震の位置を示したものである．大きい☆印は本震，◯印は余震である．この結果を見ると，最大のすべり量が7 mほどもあり，兵庫県南部地震や鳥取県西部地震のそれが3～4 mであったのと比較すれば，この地震が大きい地震であったことが，この点からもわかる．

コジャエリ地震の最大の特徴は，この発生場所が長い間多くの地震学者によって予想されていた所で起こったということである．図6.6の上に示したように，1939年エルジンヂャン地震（M 8.0）という大地震がトルコの北東部で起こった．ところが，この地震につづいて1942年（M 7.3），1943年（M 7.6），1944年（M 7.6），1957年（M 7.1），1967年（M 7.1）と，M 7クラスの大きい地震が次々と西へ移動して起こってきたのである．これらの地震はトルコの黒海沿岸に沿って走るアナトリア断層という大活断層に沿って起こったものである．

ただちに何人かの地震学者が注目したが，これが一般的に知られるようになったのはリヒター（Mの最初の提唱者）が教科書（1958）で紹介してからである．しかし，リヒターはその中で移動という言葉を使わず，極めて稀な現象であると考えていたようである．しかし，私は地震が地殻の破壊によって起こるのであれば，次々と1方向に移動するように起こる場合はほかにもあるだろうと考えて日本の地震を調べてみると，決して稀なことではないことがわかってきた．1968年に私はトルコと日本の例をまとめて「地震活動の移動」という論文を発表し，ひきつづいて地震活動の移動の事例を集めて報告しているが，明瞭な例がいくつも見出されている．たとえば，最近の例としては，1997年に九州の鹿児島県北西部で起こったM 6.5と6.3の地震の場合をあげると，1950年以降，南九州の東西線上（東側を除く）をM 4.5以上の地震が東から西に向かって，1954年，1961年，1968年，1978年，1979年，1994年と移動して，その延長上でこの被害地震が起こった．

したがって，トルコの場合についても，ひきつづき追跡してきた．図6.6は

128　　　　　　　　　　6. 世界の地震

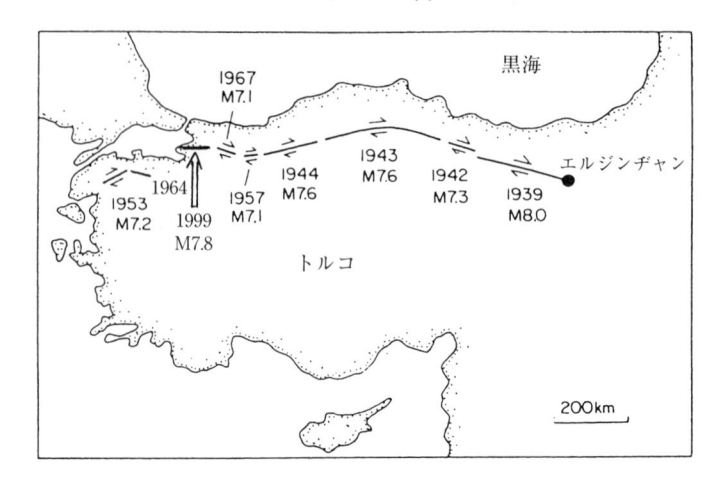

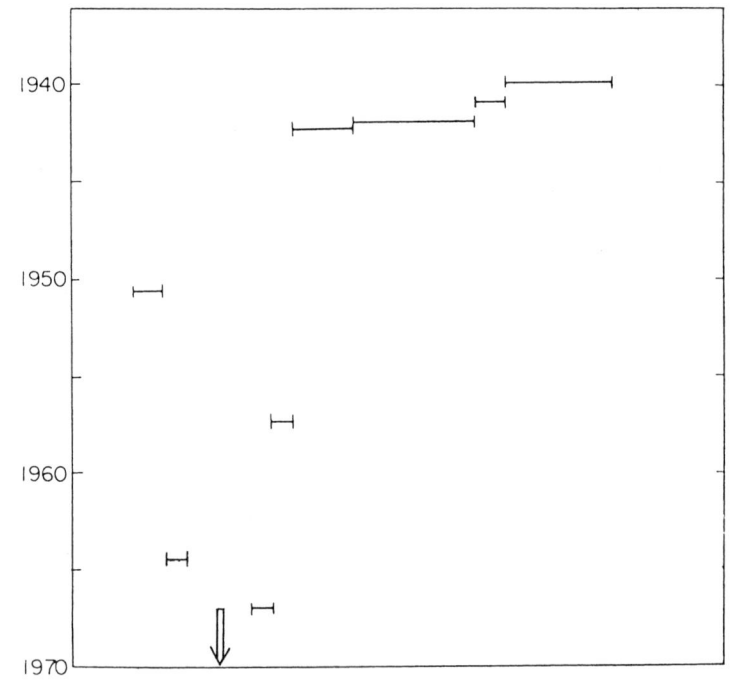

図 6.6 1939年エルジンヂャン地震につづいて，M7以上の大きい右横ずれ型の地震が西方に移動しながら起こり続けてきたが，コジャエリ地震はその延長上の空白域を埋めるように起こった．下の図は縦軸に時間，横軸に東西方向の距離をとった時間-空間分布図（茂木，1993に加筆）

1993 年の北京での大陸地震に関する会議で報告したものである．上の図についてはすでに述べたが，下の図は縦軸に時間をとって示した時空間分布図である．この図では今回の 1999 年のコジャエリ地震は下の方に出すぎてしまうが，近い将来に起こるだろうと想定されていた．

つまり，今回のトルコの地震はアナトリア断層沿いの西への移動と地震空白域であったことから，まさに予想されていた場所で起こった地震であると言える．起こりそうな場所がこのように想定されていたので，日本や欧州の研究者たちが観測を行っていたが，その発生時期を予知することができなかった．その詳細はまだ明らかでないが，基本的には明瞭な前兆をとらえるだけの多種多様の高密度観測が実施されなかったのではないか，それに前兆現象が微弱だったことも考えられる．この大地震の特徴とそれから得られる教訓をまとめると次のようになるだろう．

（1） 1939 年のエルジンヂャン地震に始まった M 7 級の大きい地震の西への系統的な移動の延長上で今回の地震が起こった．

（2） 上述の移動線上で今回の地震を飛びこして地震が起こり，地震空白域として残っていた所で，それを埋めるように起こった．

（3） この西方への震源の移動の最後が 1967 年でその 30 余年後に今回の地震が起こった．いかに長期に及ぶ地震対策が重要であるかを示している．近年「あれだけ騒いだのに，東海地震がまだ起こらないではないか」という声が少なくないと聞くが，地震災害の軽減のためには長いじっくりした対策が必要なのである．

6.3　台湾の 1999 年集集地震（M 7.7）

1999 年 8 月 17 日にトルコで大地震が起こって 1 か月後の 9 月 21 日に台湾で M 7.7（M_w 7.7）の大地震が起こって，死者 2,400 余を出す大震災となった．台湾はカムチャツカ-千島-日本列島-台湾-フィリピンと連なる環太平洋地震帯の一部で，古来大きい地震が頻発する所であるが，今回の地震は台湾の陸域ではもちろん，内陸地震として最大級に入る地震である．

図 6.7（瀬野徹三ら，2000）にこの地震の発生場所を示してあるが，震央は中央山脈の西側の山間地にある．何か所かで山岳での崖崩れがあったようである

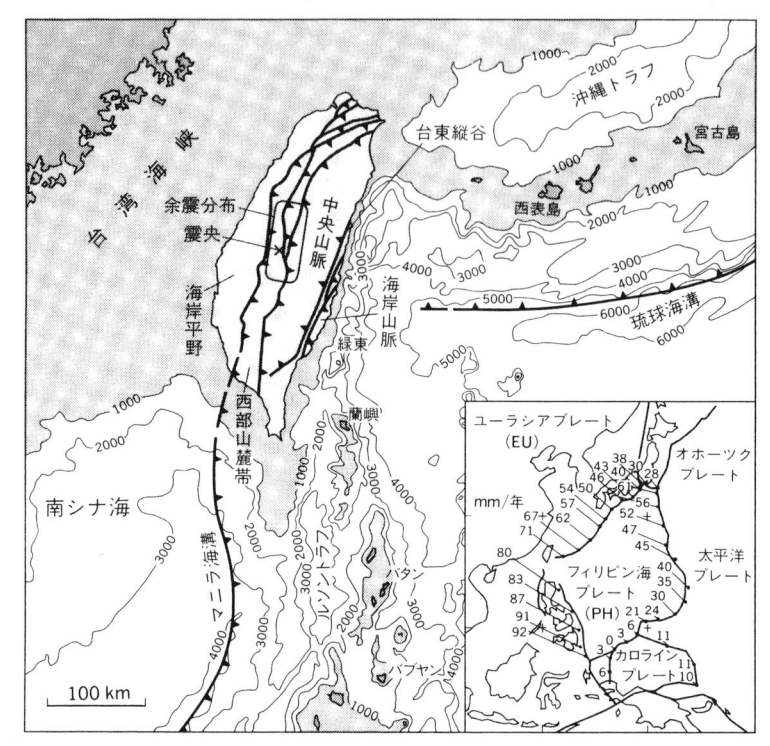

図 6.7 台湾付近のプレート境界と台湾の 1999 年集集地震の震央と余震分布域
（瀬野徹三ら，2000）

が，この大地震の震源域の大部分が人口の多い平野になかったのは，せめてもの幸いであった．

　この図からわかるように，大局的には，中国大陸を乗せたユーラシア大陸と台湾の東側にあるフィリピン海プレートの衝突で台湾ができたと考えられる．しかし，構造的には複雑である．台湾の東方には琉球海溝が九州から弧状をなして南下し，台湾の東でほぼ東西の方向となり，北側のユーラシアプレートの下にフィリピン海プレートがもぐりこんでいる．一方，台湾の南にあるフィリピンのルソン島の西側にはマニラ海溝があって，ユーラシアプレートの方がルソン島の下にもぐりこんでいる．その北方の延長上に今回の地震で大きく動いた車篭埔断層（シャーロンプ）があるというのが瀬野らの考えである．

　ユーラシアプレートが琉球ではフィリピン海プレートの上盤にあり，台湾-ルソンでは下盤となってもぐりこむのであるから，台湾の北部地域で蝶番のように

6.3 台湾の1999年集集地震 (M 7.7)

なっているという説明がなされ，複雑な構造状態にある．車篭埔断層が北端で方向を東方に急変していたり，この図でもその近くから断層の走向がやや東に向きを変えていることから，台湾北部で北に行くにつれて構造が変化していることを示唆している．

図6.8は瀬野らによる1999年集集地震の震源を通る中部台湾の東西断面図である．基本的にはユーラシアプレートとフィリピン海プレートの圧縮によって，台湾及びその周辺の地震活動は高い．集集地震はユーラシアプレートがフィリピン海プレートの下にもぐりこむ過程でかき集められた付加体内の逆断層とプレート境界の一部が急激にすべって起こった．車篭埔断層は付加体内の逆断層が地表に現われた活断層である．台湾の地震は内陸に起こるものとその東側の海域で起こるものがあるが，集集地震は内陸で考えられる最大の地震であった．

図6.9は集集地震の震央（星印）と車篭埔断層という活断層及びこの大地震の地震波の解析から求めた断層面とそのすべり量の分布を示す（八木勇治・菊地正幸，2001）．車篭埔断層の北端，つまり断層面の北西端で（断層面は東下りに傾斜していて，西側が地表で地震断層となっている）9mの大きいすべりがあったことがわかる．口絵5に台湾の国立成功大学の曽清涼（2001）によるGPSによる地殻の水平変位ベクトル図を示した．面積が九州と同じ位の台湾でこれだけ充実した高密度GPS観測が行われていたということは誠にすばらしいことであると思う．このGPSの観測結果を見ると，やはり断層の北部で9mに及ぶ大きな変位が見られ，図6.9の結果とほぼ一致する．

図6.10は八木・菊地（2001）による地震波の解析の結果であるが，この断層面のすべりを1秒ごとに示したもので，すべりがどのような経過をとって進行したかがよくわかる．震源でスタートした破壊（すべり）は10秒位まではその場所を中心に広がった．その後，南北走向の活断層に沿いその東側で，南の方と北の方に進展した．15秒位から北の方ではやや深い東の方に伸び始めた．20秒経った頃は南の方のすべりは消滅し，北の方で浅い所（西）と深い所（東）で同時にすべるようになった．<u>23秒頃から断層の北西端部の集中的なすべりが始まり，28秒頃まで続いた．</u>23秒頃から北半分での最も深い所（東）でのすべりが顕著になった．この北部でのすべりも30秒を過ぎると消滅する．

このような詳細なすべり速度の空間的・時間的推移が求められ，場所と時期による特徴が明らかにされた．これはこの地震の発生特性を見事に表わしている．

132　　　　　　　　　　　　6．世 界 の 地 震

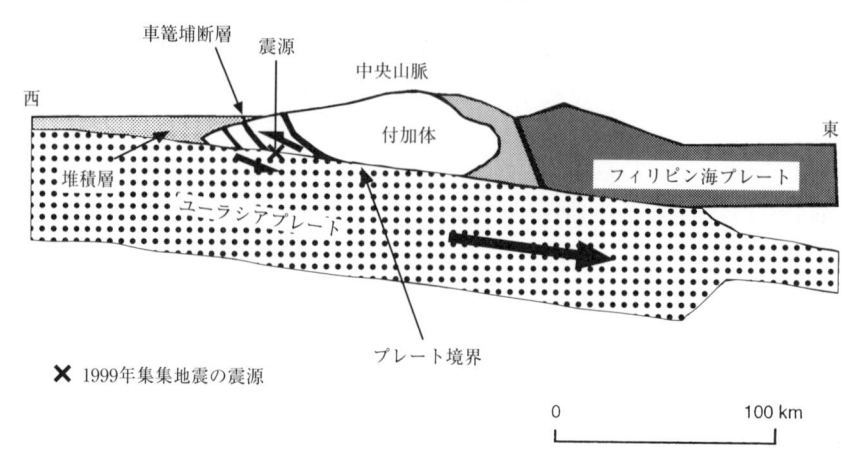

図 6.8　1999年集集地震の震源を通る中部台湾の東西断面図（瀬野徹三ら，2000）

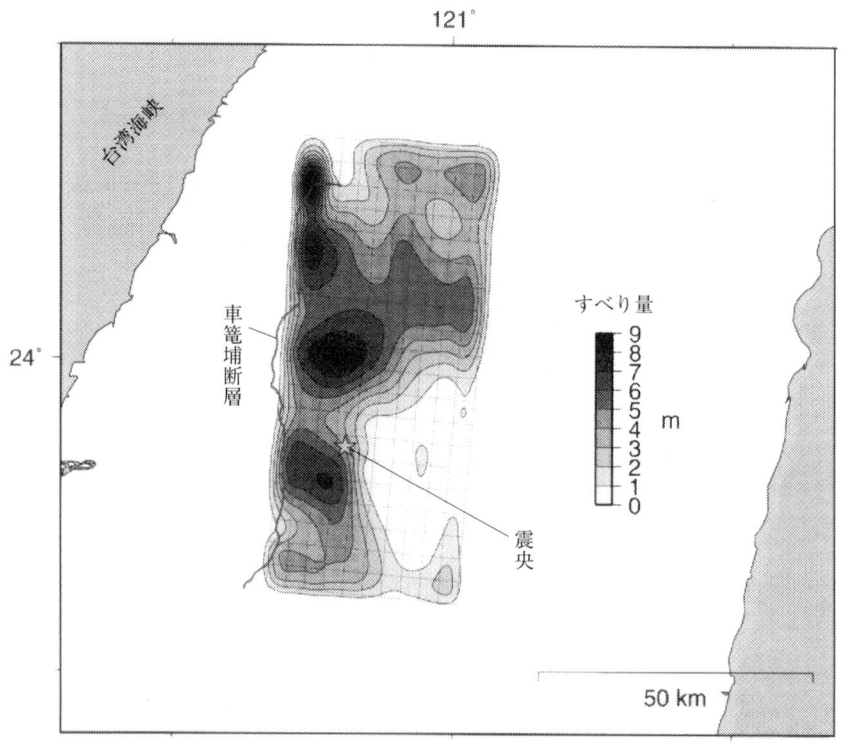

図 6.9　台湾の集集地震の震央（星印）と車篭埔断層及び断層面内のすべり量の分布
　　　　（八木勇治・菊地正幸，2001）

6.3 台湾の1999年集集地震（M 7.7）

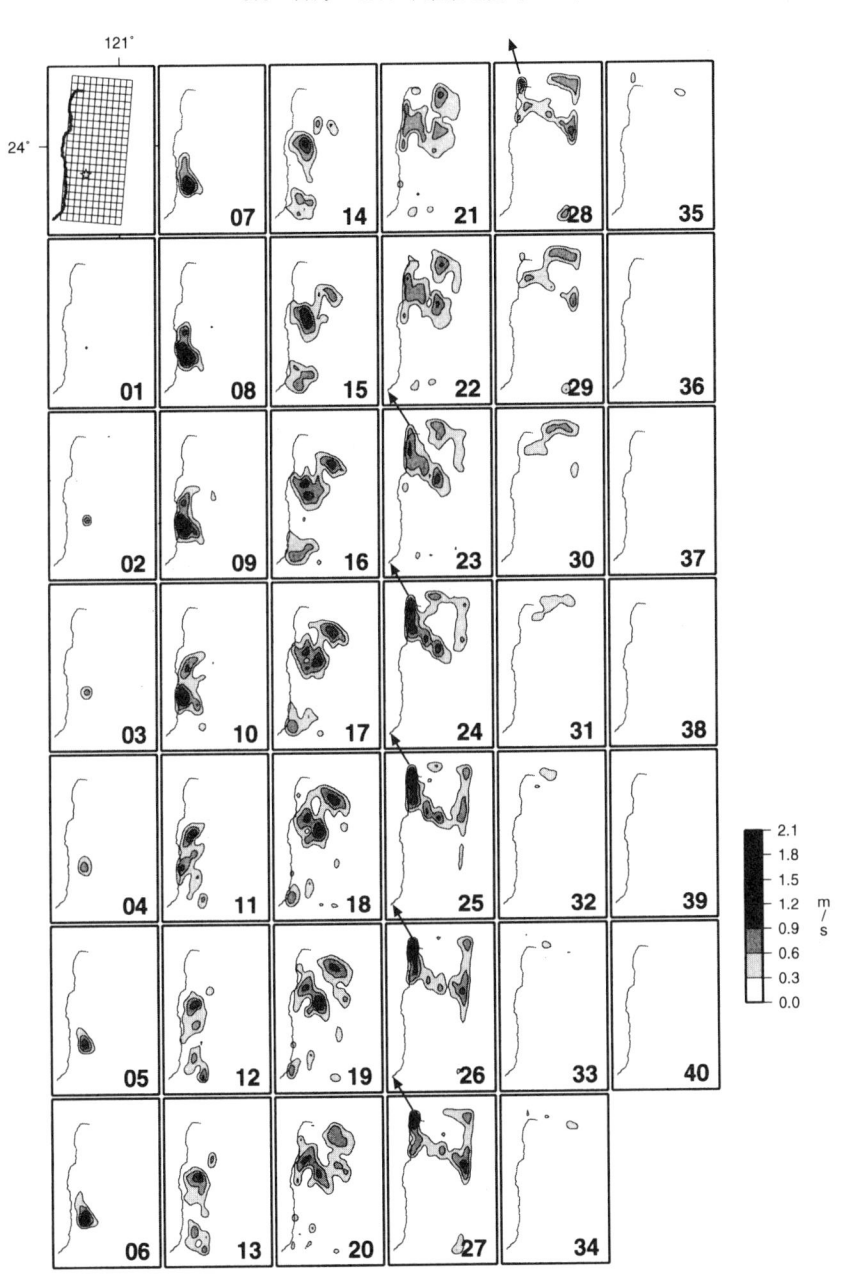

図 6.10 集集地震の断層のすべりが本震発生後1秒ごとに進展した様子
（八木勇治・菊地正幸, 2001）（23〜28の矢印は筆者加筆）

その最も興味ある結果について述べよう．この図は変位速度だけを示しているが，菊地の話によると変位ベクトル（地面が動いた方向と大きさ）の方向は北半分と南半分とではちがい，北では北西方向に変位した．この方向は口絵5の断層の北端で9mにも及ぶ大きな変位をした方向（北西）と一致する．この9mに及ぶ変位をした所では，変位速度が大きかったが，断層にまたがった家やダムなどに被害があっただけで，断層上にない近くの建物には全く被害がなかった．これは，加速度が小さかったことを示している．この不思議にも思われる事実は次のように説明される．

図6.10によると20秒ぐらいまでは，すべり速度の大きい地域がパッチ状に分布し，時々刻々移動している．そのように，速度が変化すれば加速度が大きくなる．南半分ではこのような変化が目立ち，そこでは加速度が大きくなり，そのため被害も大きい．ところが，断層の北端部では初めは全く動きがなかったが，動きが始まった23秒から28秒まで，変位速度が大きい状態のまま続いた．さらに，断層の北端部だけでなく，変位速度の大きい所が断層面上の北西方向にベルト状に並んでほとんど同じ状態を6秒間も続けて止んだ．つまり，断層北端部を含めてこの地域のすべり速度の分布状態が深い所から浅い所までほとんど変位速度も，パターンも固定したまま，ひたすら<u>一定速度で変位</u>し，結局，強い震動を感ずることなく，9mも移動したということである．これによって，9mも変位したのにその上盤に乗っていた建物でも強い震動を感じなかったという謎がとかれた（図6.11，口絵6，7参照）．

以上の結果からこの大地震の特徴とそれから得られる教訓をまとめると次のようになる．

（1） 今回の集集地震はユーラシアプレートとフィリピン海プレートの圧縮によって起こった内陸最大級の地震であるが，南海地震などがフィリピン海プレートがユーラシアプレートの下にもぐりこんで起こったのとちがって，ユーラシアプレートがフィリピン海プレートの下にもぐりこむにあたって，その付加体とプレート境界の一部で起こった地震である．

（2） この地震は中央山脈の西側にある南北方向の大きな活断層である車篭埔断層から東側に向かって深くなる断層面の急激なすべりで大地震となったが，その断層面内のすべりの精細がこれまでになく明らかにされた．

（3） 震源域の南部ではすべり量もすべり速度も小さかったがすべりの領域が

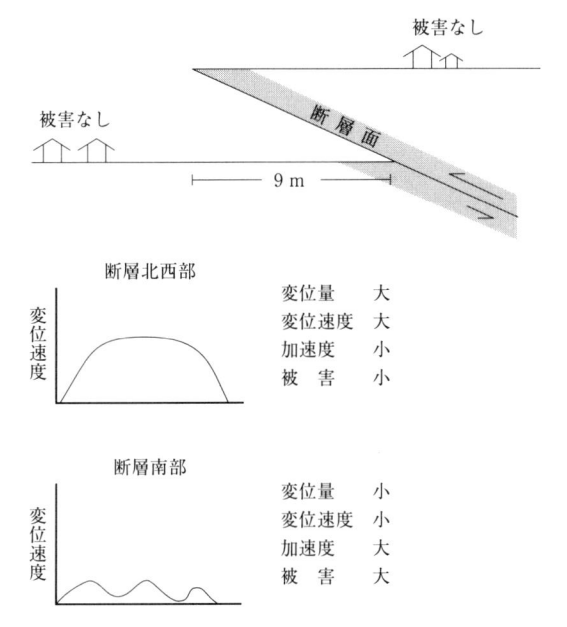

6.3 台湾の1999年集集地震（M 7.7）

図 6.11 （上図）車篭埔断層の北西端部の断層変位の模式図
（下図）断層の北西端部と南部における変位速度の
時間的変化と変位量，加速度などのちがい

パッチ状に分布し，それが時間的に変化したために，加速度は大きく，被害も大きくなった．

（4） それに対して，車篭埔断層の北端部では断層の上盤が9m前後も北西方向にかなりの速さで変位したが，断層のすぐ近い所でも目ぼしい震動を感じず，全く被害もなかった．この一見不思議な謎は，この部分での変位速度が大きかったけれどもほぼ同じ速度で移動したためであるとして説明することができる．

（5） 9mという大きな変位が断層で生じたために，断層をまたぐ構築物や地盤には大きな変形や被害を与えた．断層に沿ってこのような大きい変位が生ずることがあり，この変位によって大きな災害がおこるということは，被害の想定を加速度または震度だけを考慮するこれまでの対策では不十分であり，検討が必要であることを示している．原子力発電所などの重要なものを計画するに

当たっては十分考慮されるべき問題である．

6.4 2001年インド西部地震（M 8.0）

a．要注意地域で起こった地震

　インド西部のグジャラート州で，2001年1月26日午前8時46分（現地時間）M 8.0（M_w 7.7）の大地震が起こり，死者2万5,000人，負傷者5万人（駐日インド大使館による，5月29日現在）という壊滅的な被害を与えた（図6.12）．
　インド大陸はプレートの運動で北へ運動し続け，ユーラシアプレートに衝突して，その下にもぐりこんでいる．そのためにユーラシア大陸側がもち上って，世界最高のエベレストを含むヒマラヤ山脈ができ，その背後にチベット高原もできた．この運動は今も続いていて，インドの北側の国境地域に当たるヒマラヤ山脈や西側のパキスタン，東側のビルマのプレート境界で大地震が時々起こっている．
　図6.13にインドプレートとユーラシアプレートの境界を示してある．今回のインド西部地震はこのプレート境界で起こったのではなく，インドプレート内で起こったものである．実は今回のインド西部地震の近くで，1816年6月にカッ

図 **6.12** 2001年インド西部地震によるグジャラート州アンジャー（Anjar）の被害状況（伯野元彦撮影）

6.4 2001年インド西部地震 (M 8.0)   137

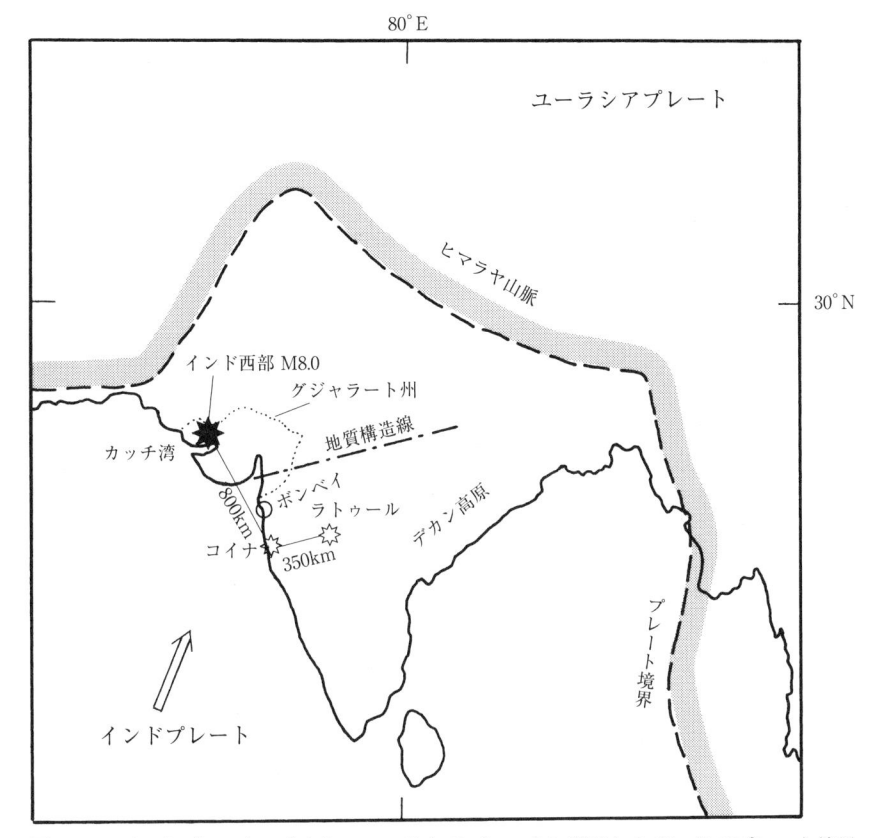

図 6.13 インドプレートが北上してユーラシアプレートに衝突したが，そのプレート境界と2001年インド西部地震，ラトゥール地震，コイナ地震及び東西方向の地質構造線を示す．

チ地震 (M 8.3)，1956年7月に M 7.0 の地震が起こっている．カッチ地震では1,440人の死者を出し，津波も発生した．1956年の地震でも100人以上の死者があった．したがって，インド政府は国内の地震危険度を5段階に分けたハザードマップを作ったが，このカッチ湾の地域を，プレート境界と同じように最も危険な地域に分類していたのである．そういう点では，今回の地震は注意すべき所とされていた所で起こった地震であった．しかし，どうしてこの地域がプレート境界からかなり離れているのに大地震が多発するのか，また，今回の大地震が起こる何らかのシグナルがあったのかについては，直前の前震はなかったという以外，何の情報もなかった．本論では内外からの情報がほとんどない状況下で，こ

れまでの私の知っている情報にもとづいてこの問題を考えてみたい．したがって，新たな情報が入って将来変更されるかもしれないが，1つの試論として述べる．

b．インド半島の地震活動

私自身，インドには1993年まで会議と講義で2回行っただけで，インドの地震について調査した経験はなかった．それが否応なしに調査する体験をもつに至ったのは次のようなことがあったからである．

1993年9月30日03時55分（現地時間）にインド半島のデカン高原の中央でM 6.3のかなり強い地震が起こった．これがラトゥール地震で，その震央は図6.13に示してある．新聞などの報道では死者が1万人に達するということであった．インド半島は極めて安定した亜大陸で，前に述べたインド政府が作成した地震のハザードマップの5段階のうち，最も危険性が低いとされていた所で起こったのであった．このような安定した所で予想もしない大きい地震が起こって，内外の研究者は驚くと共に，急遽，調査班を派遣した．その後の政府の発表によると死者の数は7,600人であるとのことである．震源域一帯は過疎の丘陵地で，小さな村落が点在するにすぎないのに，このような大きな災害になった主な理由は，地震がこの地域としては例外的に強かったことと，住居が砕石とモルタルでできた耐震性の非常に低いものであったことである．

この地震については，インドの地震研究の中心機関であるハイデラバードにある地球物理学研究所が中心となって進められ，インド気象台，地質調査所などの国内の関係機関が参加して調査に当たった．同時に，この地震の特異性に関心をもった諸外国（日本も含む）の調査班も現地に入った．たとえば，ドイツのグループは地震の直後から近代的な地震移動観測装置を持って現地に入り余震観測を行った．しかし，これらの調査からは被害の状況のほかは特にこれといった結果は得られなかった．

ところが，9月30日の本震とそれに続く余震がほぼ終息した12月8日になって，ラトゥールの西方350 kmのインド半島西岸に近いコイナ（図6.13参照）という所でM 5.3の地震が起こった．コイナは1967年にダムの貯水によってM 6.5の被害地震が起こった所で，大都市ボンベイに150 kmと近いこともあって，マハラシュトラ州（首都がボンベイ）では地震に対する恐怖が高まり，パニ

6.4 2001年インド西部地震（M 8.0）

ック状態になることが懸念された．そこでインド政府は国連に専門家の派遣を依頼したのである．

　国連とインド政府から私の所に緊急faxと電話でインドにすぐ来てくれと言ってきたのは12月18日であった．当時，私は日本の地震予知連絡会会長であり，東海地震の判定会長として多忙を極めていたが，これは行かなければならないと決めて日程の調整を行った．ところが体調をくずして少なくとも10日間は休養するようにと申し渡されて，1994年1月29日に成田を出発してインドに向かった．その間にインド政府が調整してくれたようで，米国の専門家2人と一緒になり，2月16日に帰国するまで行動を共にした．

　私は，主として広域の地震活動調査を分担し，何故，これまで極めて安定であったインド半島中部でこのようなM6級の地震が起こったのか，という中心的課題を検討することにした．我々調査団には各機関がこれまで実施した分厚い資料が提供され，次々と説明が行われた．しかし，何故，デカン高原で今回の地震が起こったかという核心にふれるものは全くなかった．また，1993年12月8日のコイナ地震で住民が不安になったというのに，コイナの地震活動については資料も説明も全くなかった．米国の2人もコイナについては全く関心がないようであった．そこで，私はコイナの地震活動状況について説明を求めたが，ごく簡単に報告されただけであった．

　我々に提供された分厚い資料の中に，たった1枚の紙に手書きで書いたインド気象台による地震の表があった．ホテルに帰って，この地震表の地震をインドの白地図を書いて，プロットしてみた．これはいつも私がやる基本的な仕事である．資料は1900年以降のM4以上のものである．地震をプロットしていくうちにどうも地震の分布が時間と共に変化しているのではないかということに気がついた．つまり，1964年頃を境にしてパターンの変化が認められた．翌日，インドの地球物理学研究所長の部屋で米国の2人と私の4人の検討会で私はこの図を見せて，インド半島の地震活動が時間的に変化していると主張した．ところが，おかしいことには，所長は「インド気象台の地震のデータは信用できない」と言い出した．米国の人たちも同調した．そこで私は「忙しい我々を遠くから呼んで我々に検討してくれと配布した資料が信用できないものだというのはどういうことか．明日までに信用できる地震表を提供してくれるべきだ」と主張した．

　翌日，改正された地震表が提供された．わずかな修正があるだけだった．M 5.0

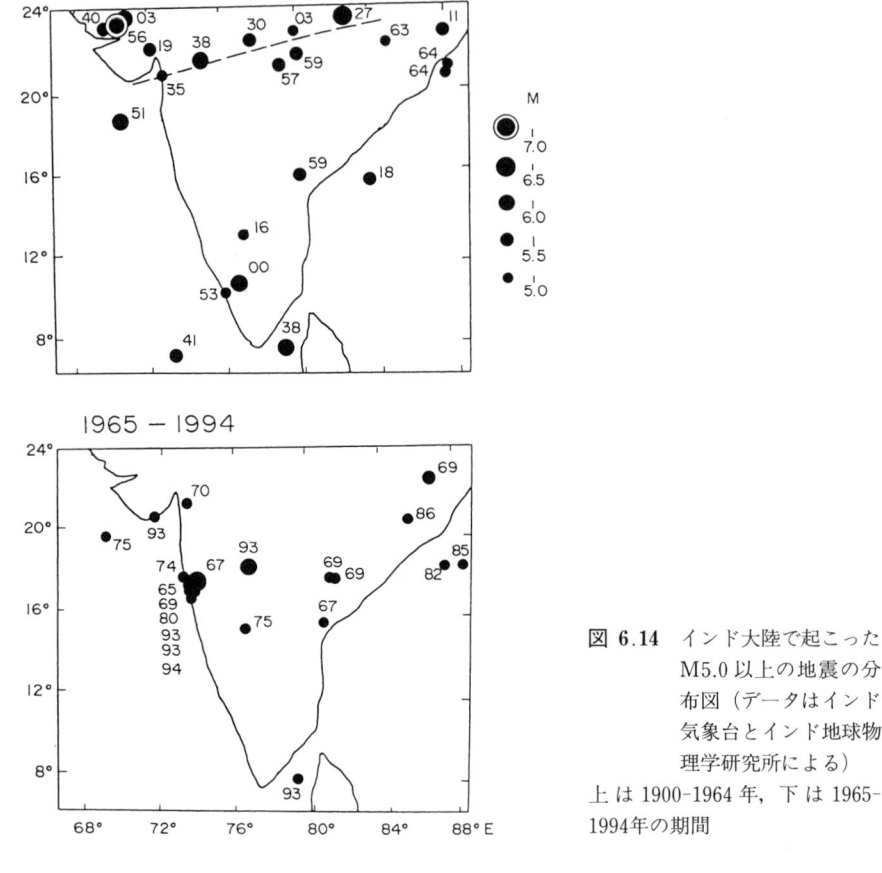

図 6.14 インド大陸で起こった M5.0以上の地震の分布図（データはインド気象台とインド地球物理学研究所による）
上は1900-1964年，下は1965-1994年の期間

　以上の地震について，1900〜1964年と1965〜1994年の2つの期間に分けてその分布を示したのが図6.14である．数字は地震の発生年を示す．この図に対しては誰からも異論が出なかった．この2つの期間での地震の分布が全く違うという予想もしなかったことがわかったのである．上の図の上の方の破線は大変はっきりした地質不連続線で Narmada Son line といわれるもので，インド半島をその付け根の所で横断するような地質構造線である．この構造線に沿って地震活動が活発である．特にこの図の左上に M 7（◎印）を含む3個の地震が集中して起こっている所があるが，ここは1819年のカッチ地震や今回の地震が起こった所である．
　一方，下の図では，これまで活動的であったインド半島の北と南が静かにな

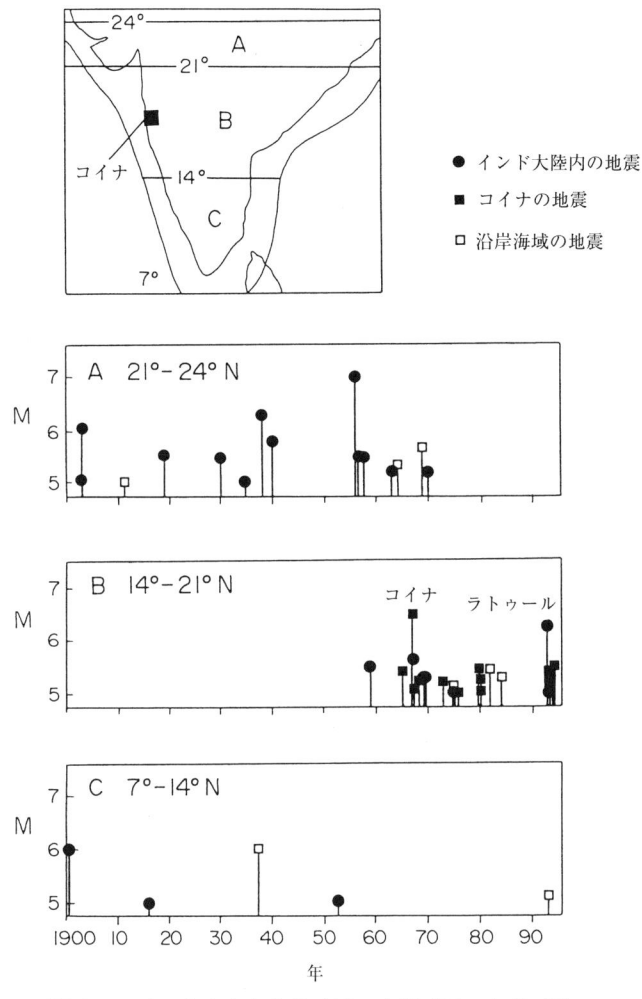

6.4 2001年インド西部地震 (M 8.0)

図 6.15 インド半島を北部 (A), 中部 (B), 南部 (C) に分けて, それぞれの地域の地震活動の変化を M-T グラフで示す.

り, コイナやラトゥールを含む中部の活動が高い. 特に, インド半島西岸のコイナ地区で活発な活動が続いている.

図 6.15 は同じ資料を用いて, インド半島を A (21-24°N), B (14-21°N), C (7-14°N) の3つの区域に分けて, それぞれの地域の地震活動の時間的変化を M-T グラフで示したものである. 図中の●印はインド大陸内の地震, ■印はコ

イナの地震，□印は沿岸の海域で起こった地震である．

A領域では1900年から1970年までほぼ定常的に活発であったが，1970年以降は静穏な状態が続いている．

それに対して，B領域では1900年から1960年頃まで静かであったが，コイナ・ダムで1962年から貯水を始め，1967年にM6.5のダム地震が起こり，コイナ地区を中心に1960年頃から活発になった．しかし，図6.14を見るとコイナ・ダム地区だけでなく，B領域の広範囲の応力の高まりがあったように思われる．

図6.14と図6.15を見ると1960～1970年に活動域がA地域からB地域にシフトしたと見られる．ラトゥール地震はその一環として起こったと解釈できそうである．そこで，ラトゥール地震とコイナ地震の関係を調べたところ，1993年のラトゥール地震の直前にコイナ地区の地震が急増したことがわかった（図6.15）．つまり，ラトゥールとコイナは350kmも離れているのに，ラトゥール地震の前後にコイナ地震が明瞭に増加したのである．これは偶然ではなく，コイナ地区の地震活動が広範囲の応力変化を敏感に反映している可能性があることを示唆するもので，このことを国連への報告書で述べた．

c．インド西部地震の前駆的変化

コイナ地域が広い領域の応力を敏感に反映する所（いわば，広い領域の応力の

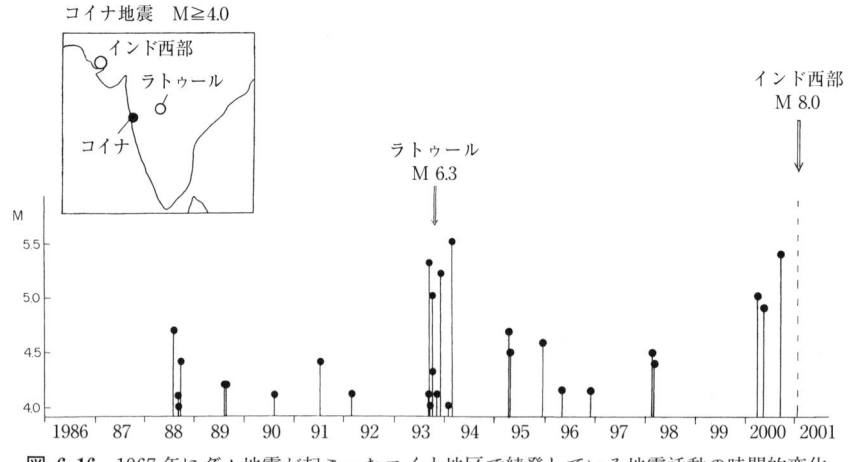

図6.16　1967年にダム地震が起こったコイナ地区で続発している地震活動の時間的変化
ラトゥール地震とインド西部地震の前に活発化した．

6.4 2001年インド西部地震（M 8.0）　　　　143

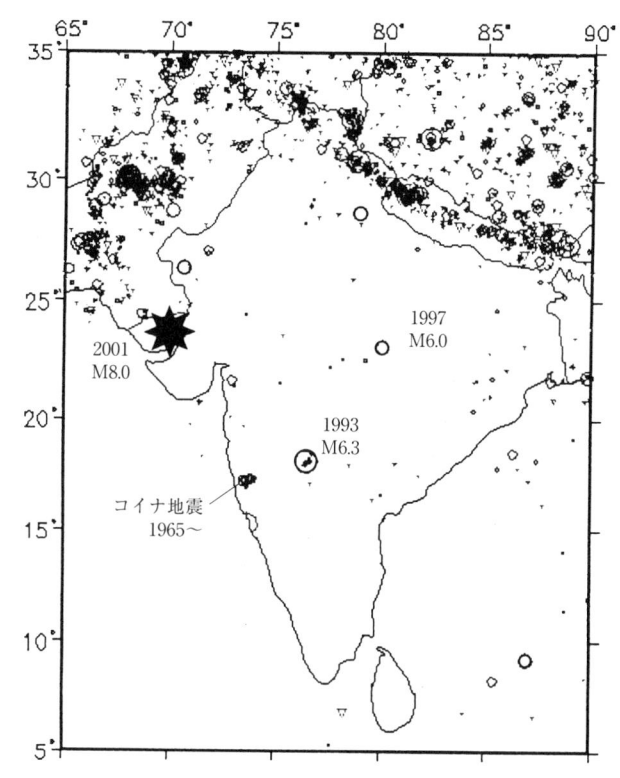

図 6.17 1964年から1998年までにインド半島とその周辺で起こったM 4.0以上の地震と2001年インド西部地震(M8.0)．(ISCによる図に筆者が加筆)

インディケーターとなる所）であるならば，インド西部地震はコイナの北西800 kmの遠い所で起こった地震であるけれども，M 8.0の巨大地震であるので，コイナの地震活動に何らかの変化があるのではないかと考えられた．

図6.16はコイナ地区のM 4.0以上の地震活動を1986年から現時点まで示したものである．1994年までは私がラトゥール地震調査の時に調べて報告したものであるが，それ以降の地震のデータは米国地質調査所による地震表にもとづくものである．上に述べたように1993年のラトゥール地震前後に明瞭に活発化したことがよくわかるが，さらに2001年1月26日のインド西部地震（M 8.0）の前の1年間にM 5.4を含むM 5クラスの地震が3回も起こり，コイナ地区の活動がこの大地震の前にやはり活発化したことがわかったのである．

このように，大陸の場合は大地震の影響が広域に及ぶことがありうる．このよ

うな見方で図 6.14 における地震活動の変化を見ると，1900～1964 年の期間には今回の大地震が起こったカッチ湾や Narmada Son 構造線に沿って活発だった地震活動が 1970 年以降著しく静穏化したのは異常であり，大地震前の前兆的静穏化（第二種地震空白域の出現）であると考えると自然である．2001 年の大地震の前の 30 年間カッチ湾地域でも非常に静穏化したことは，このように考えると理解できる．ラトゥール地震やコイナの活発化は，静穏化した地域の周辺の活発化（ドーナツパターンの形成）であった可能性も考えられる．図 6.17 も参照されたい．

それに，プレート境界からかなり離れたインドプレート内のカッチ湾で大地震がくりかえして起こるのは，カッチ湾がインド半島のつけ根で東西に切るような Narmada Son 地質構造線の西端に位置しているために応力が集中するためではなかろうか．これはあくまでも仮説であり，今後の検証にまたなければならないが，ありそうなことではないかと思う．

インド西部地震についてはまだほとんど資料がない現状で，1993 年のラトゥール地震の時の調査結果をもとに大胆に 1 試論を述べたが，大局的な立場から見ることの重要性を強調したい．また，一般に用いられる ISC などの地震表は 1964 年以前についてはないので，ここで述べたような議論はできない．この地域では，長期間（たとえば少なくとも 100 年間）の広域の活動の変化をふまえた議論が必要であり，インド気象台の地震表が大いに役立ったことに感謝したい．

あとがき

　書き終わってまず感じたことは，もしこのような本を2年前に書いていたら，ずい分違うものになっていただろうということである．このことは，本書でとり上げた地震のかなりのものが，最近の2年間に起こったのであるから言うまでもない．特筆すべきことは，これらの地震（火山噴火も）のいずれもが，注目に値する重要な特徴をもっているものであったということである．

　2000年の三宅島噴火と巨大群発地震，さらに現在も続いている火山ガスの放出という大事変の発生は，だれも予想しなかったことで，自然界ではいかに予測外のことが起こり得るかという教訓として心にとどめるべきであろう．

　また，これまで約50年間静かだった西日本で，1995年兵庫県南部地震，2000年鳥取県西部地震，2001年芸予地震の3つのM7級の大きい地震が続発したこと自体注目される．しかも，一方は活発な活断層帯で起こって，活断層にこそ注目すべきだという風潮をつくったのに，他方は同程度の規模の浅い地震であったにもかかわらず，全く活断層が認められない所で起こり，問題を投げかけている．

　2001年インド西部地震についてはまだほとんど新しい資料が発表されていないが，特筆すべき大地震であるので1つの試論を述べた．この大地震の震源地を含み，インド半島のつけ根から東の方に走る大構造線に沿って活発な地震活動があったのに，大地震の約30年前から非常に静かになったこと，800 kmも離れたインド半島西岸のコイナダムの地震活動が大地震の1年前に活発化したことをこの大地震の先行的変化と解釈した．安定した大陸内地震の場合には応力変化が広い範囲に及ぶとの考えである．ところが，本書の再校中に送られてきた米国地球物理学連合の週刊誌（EOS，82巻，32号，2001）の冒頭の論文でインド西部地震を論じているが，それによると，この地震は2000 km以上の遠方でも感じ

あとがき

られ，その有感半径はこの地震とほぼ同じ位大きい1906年のサンフランシスコ地震の場合に較べて異常に広大なものであったと述べ，この大陸内地震の特徴を記述している．応力の伝達も同じ傾向を示す可能性があり，これは私が本書で述べたことと調和することである．今後の検証が待たれる．

さて，本書を書くにあたっては多くの研究者と関係各機関から図面，写真，資料の提供をいただいた．最新の結果について述べることができたのはそのためである．心から御礼申し上げたい．本来なら，その出典を明記すべき所であるが，紙面の都合もあって，お名前と発表年を図の説明文や本文で記すこととした．御了承されたい．なお，本書では敬称を略した．

最後に，本書を刊行するにあたって最初からお世話になった朝倉書店編集部の方々に感謝する．

索　　引

●あ 行

姶良カルデラ　23
明石海峡　38
熱海の間欠泉　115
アナトリア断層　127
アラスカ地震　122
アリューシャン地震　124
淡路島　38
安政江戸地震　116
安政東海地震　92
安全宣言　3

伊豆大島　19
伊豆大島近海地震　3,66
伊豆半島沖地震　3,67
伊豆半島東方沖群発地震　5,77
伊豆半島東方沖地震　75
伊東沖の海底噴火　80
インド気象台　138
インド西部地震　136

宇宙測地観測技術　84
宇宙測地測量　116

エルジンヂャン地震　127

オアハカ地震　66

●か 行

海域地震　73
海底地震計　12
海底地形図　16
家屋の倒壊率　112
掛川の地盤変動曲線　95
火災　112
火山ガスの放出　5,19,20
火山性の地震　3
火山帯　2
火山噴火予知連絡会　3
加速度　134
活断層　33
カッチ地震　137
活動期　27,121
カルデラ　19
川奈崎沖　76
干渉合成開口レーダー　28,45
観測強化地域　36,52,110
関東地震　46,86
　　──の地震断層　111
関東の地震活動　108
関東部会　70
貫入モデル　12

危機管理の体制　39
北伊豆地震　3
逆断層型地震　92
巨大群発地震　1,19
キラウエア火山　28
緊急火山情報　3

グローバルな地震活動　120
群発地震　5,15
群発地震の発生原因　80

警戒宣言　98
芸予地震　57

コイナ地震　139
高緯度地方　121
高周波地震　78
神津島　9,10
神戸　38
コジャエリ地震（トルコ）　126

●さ　行

相模トラフ　8,111
桜島火山　22
三角測量　28,84

死者の数の変化曲線　121
地震エネルギー放出曲線　121
地震活動の移動　9,127
地震危険度マップ　37,52,55
地震空白域　55,124
地震帯　2
地震による死者の数　40
地震のT軸の方向　7
地震防災対策強化地域判定会　89
地震予知関係予算　67
地震予知推進本部　89
地震予知の空白地域　110
地震予知の原理　64
地震予知連絡会　3,35
地盤の沈降　28
GPS観測　3,10,131
社会的コスト　99
車籠埔断層　130
集集地震（台湾）　129
首都圏　113
常時監視体制　89
震度　34
震度7　46,111

水準測量　23,28
水平変動ベクトル　87
すべりベクトル　45
駿河トラフ　7
駿河湾・遠州灘の大地震　87
駿河湾地震説　89

静隠化　47,66,143
静隠期　27,121
正断層型地震　58
前震　54,71,115
せん断破壊　33
前兆　51
前兆的地殻変動　94

●た　行

第一種地震空白域　66
大規模地震対策特別措置法　84,89,96
大震災　43
耐震性　39
第二種地震空白域　47,66,143
大陸地震に関する会議　129
多固定点法　84
ダム地震　142
短期予知　66
断層面のすべり　45,54,57,131

地塊運動説　24
地殻あるいは断層面の不均一性　65
地殻変動　21,52
千葉県東方沖地震　114
注意報　99
中規模地震　116
長期予測　66
超巨大地震　122
長周期地震　57
超長基線電波干渉法（VLBI）　124
直前予知　92

チリ地震　122
沈降曲線　103
沈降の停滞　105

低緯度地方　121
デカン高原　139
天気予報　97
電波の異常　51

東海地震説　36,83,84
東南海地震　86,92
特定観測地域　36,59
鳥取県西部地震　46,51
鳥取地震　39
ドーナツパターン　114,143

●な　行

南海地震　60,66,86

新島　10
西日本活発化説　43,61
日本総合研究所　98

●は　行

ハイドロホンによる海上観測　77
発震機構　8
浜田地震　51
原田のベクトル図　87
阪神・淡路大震災　38,45
判定組織　89

被害地震　40
微小地震活動　55
微小破壊振動　65
引張り応力場　17
避難勧告　3
兵庫県南部地震　37,38

VLBI　124

フィリピン海プレート　7
深井戸による観測　116
不均質媒質の破壊　65
福井地震　39,46
富士火山帯　3
プレート境界地震　32
プレート内地震　32
噴火活動　8

変位速度　134
変位ベクトル　134

防災空間　46
防災白書　37
房総半島　19
膨張-収縮論　28
本震　54

●ま　行

マグニチュード（M）　34
マグマ溜り　8,17,21
マグマの貫入　12,16,19
曲げ（ベンディング）モデル　7
松代群発地震　6

右横ずれ断層タイプ　44
南関東　36
南関東地域直下の地震　116
三宅島雄山の火口　19
三宅島の噴火　1

茂木モデル（膨張-収縮論）　28
木造家屋の倒壊　38
モーメントマグニチュード（M_w）　35,121

●や　行

有感地震　40
ユーラシアプレート　7

予知の可能性　73

●ら 行

ラトゥール地震　138

連続観測　105

69年周期説　110,114

六甲-淡路断層帯　38,44

著者略歴

茂木　清夫（もぎ・きよお）

1929年　山形県に生まれる
1953年　東京大学理学部地球物理学科卒業
1969年　東京大学教授
1988年　東京大学地震研究所所長
1991年　地震予知連絡会会長（2001年まで）
現　在　東京大学名誉教授
　　　　理学博士

地震のはなし

2001年10月5日　初版第1刷
2002年8月20日　　　第2刷

定価はカバーに表示

著　者　茂　木　清　夫
発行者　朝　倉　邦　造
発行所　株式会社　朝　倉　書　店
　　　　東京都新宿区新小川町 6-29
　　　　郵便番号　162-8707
　　　　電　話　03(3260)0141
　　　　ＦＡＸ　03(3260)0180
　　　　http://www.asakura.co.jp

〈検印省略〉

© 2001　〈無断複写・転載を禁ず〉　　　　シナノ・渡辺製本

ISBN 4-254-10181-3　C 3040　　　　Printed in Japan

前東大 宇津徳治・前東大 嶋　悦三・日大 吉井敏尅・東大 山科健一郎編

地 震 の 事 典（第2版）

16039-9 C3544　　A5判 676頁 本体23000円

東京大学地震研究所を中心として，地震に関するあらゆる知識を系統的に記述。神戸以降の最新のデータを含めた全面改訂。付録として16世紀以降の世界の主な地震と5世紀以降の日本の被害地震についてマグニチュード，震源，被害等も列記。〔内容〕地震の概観／地震観測と観測資料の処理／地震波と地球内部構造／変動する地球と地震分布／地震活動の性質／地震の発生機構／地震に伴う自然現象／地震による地盤振動と地震災害／地震の予知／外国の地震リスト／日本の地震リスト

芝工大 岡田恒男・京大 土岐憲三編

地 震 防 災 の 事 典

16035-6 C3544　　A5判 688頁 本体24000円

〔内容〕過去の地震に学ぶ／地震の起こり方（現代の地震観，プレート間・内地震，地震の予測）／地震災害の特徴（地震の揺れ方，地盤と地盤・建築・土木構造物・ライフライン・火災・津波・人間行動）／都市の震災（都市化の進展と災害危険度，地震危険度の評価，発災直後の対応，都市の復旧と復興，社会・経済的影響）／地震災害の軽減に向けて（被害想定と震災シナリオ，地震情報と災害情報，構造物の耐震性向上，構造物の地震応答制御，地震に強い地域づくり）／付録

下鶴大輔・荒牧重雄・井田喜明編

火 山 の 事 典

16023-2 C3544　　A5判 608頁 本体22000円

桜島，伊豆大島，雲仙をみるまでもなく日本は世界有数の火山国である。それゆえに地質学，地球物理学，地球化学など多方面からの火山学の研究が進歩しており，災害とともに社会的な関心が高まっている。主要な知識を正確かつ簡明に解説する。〔内容〕火山の概観／マグマ／火山活動と火山帯／火山の噴火現象／噴出物とその堆積物／火山帯の構造と発達史／火山岩／他の惑星の火山／熱263と温泉／噴火と気候／火山観測／火山災害／火山噴火予知／世界の火山リスト／日本の火山リスト

京大防災研究所編

防 災 学 ハ ン ド ブ ッ ク

26012-1 C3051　　B5判 740頁 本体32000円

災害の現象と対策について，理工学から人文科学までの幅広い視点から解説した防災学の決定版。〔内容〕総論（災害と防災，自然災害の変遷，総合防災的視点）／自然災害誘因と予知・予測（異常気象，地震，火山噴火，地表変動）／災害の制御と軽減（洪水・海象・渇水・土砂・地震動・強風災害，市街地火災，環境災害）／防災の計画と管理（地域防災計画，都市の災害リスクマネジメント，都市基盤施設・構造物の防災診断，災害情報と伝達，復興と心のケア）／災害史年表

日大 萩原幸男編

災 害 の 事 典

16024-0 C3544　　A5判 416頁 本体16000円

自然災害は自然現象と人間生活との接点において発生する。こうした自然災害の実体を実例にしたがって記述し，その予知と防災に説き及ぶ。〔内容〕地震災害（メキシコおよびロマ・プリエータ地震などによる災害とその教訓）／火山災害（噴火予知計画の手法と実例—セントヘレンス火山，雲仙岳など）／気象災害／雪氷災害／土砂災害／リモートセンシングによる災害調査／地球環境変化と災害／地球災害と宇宙災害／付録：日本と世界の主な自然災害年表

朝倉　正・関口理郎・新田　尚編

新版 気象ハンドブック

16111-5　C3044　　B5判 792頁 本体32000円

[地球環境]太陽系の中の地球／大気の構造／環境問題[大気の理論]熱力学的過程／降水過程／放射過程／化学／光・音・電気の理論／大気の運動と物質循環／気象力学／気象の実験[気象の観測と予報]地表から／宇宙から／地球環境監視システム／観測網／解析・監視／予測／気候と変化[気象情報の利用]クリーンエネルギー／水資源／農業生産／林業／水産／建築／波浪／交通／大気汚染／経済活動／防災／生活／レジャー／普及と報道機関／資料の種類と利用／GPV／付録

加藤碵一・脇田浩二総編集
今井　登・遠藤祐二・村上　裕編

地質学ハンドブック

16240-5　C3044　　A5判 712頁 本体23000円

地質調査総合センターの総力を結集した実用的なハンドブック。研究手法を解説する基礎編，具体的な調査法を紹介する応用編，資料編の三部構成。〔内容〕〈基礎編：手法〉地質学／地球化学(分析・実験)／地球物理学(リモセン・重力・磁力探査)／〈応用編：調査法〉地質体のマッピング／活断層(認定・トレンチ)／地下資源(鉱物・エネルギー)／地熱資源／地質災害(地震・火山・土砂)／環境地質(調査・地下水)／土木地質(ダム・トンネル・道路)／海洋・湖沼／惑星(隕石・画像解析)／他

堆積学研究会編

堆　積　学　辞　典

16034-8　C3544　　B5判 480頁 本体20000円

地質学の基礎分野として発展著しい堆積学に関する基本的事項からシーケンス層序学などの先端的分野にいたるまで重要な用語4000項目について第一線の研究者が解説し，五十音順に配列した最新の実用辞典。収録項目には堆積分野のほか，各種層序学，物性，環境地質，資源地質，水理，海洋水系，海洋地質，生態，プレートテクトニクス，火山噴出物，主要な人名・地層名・学史を含み，重要な術語にはできるだけ参考文献を挙げた。さらに巻末には詳しい索引を付した

小林　学・恩藤知典・山極　隆編

地学観察実験ハンドブック

16017-8　C3044　　A5判 388頁 本体13000円

地学が学習者に喜んで受け入れられるためには，興味をもたせ，内容のある魅力的な観察や実験を行うことである。生の自然のもつスケールの大きさ，迫力，精妙さ，偉大さといったものを感得させる身近にある地学教材105を用いて教育現場で役立つよう勘所をおさえて明快に解説。〔内容〕岩石(10編)／鉱物(8編)／地質現象(5編)／地形(5編)／化石(8編)／地震(9編)／気象(11編)／陸水・海水(7編)／天文(22編)／火山(3編)／資料(偏光顕微鏡の使い方他9編)

地質調査所編

日本地質アトラス 机上判・第2版

16235-9　C3044　　机上判 52頁 本体50000円

26シートのマップに以下をまとめたオールカラー版アトラス。〔内容〕地形／地質／活構造／地質構造／第四紀火山／花崗岩／変成岩／鉱物資源／燃料資源／地熱資源／地震／重力異常／地磁気異常／熱流量及びキュリー点深度／地質災害／他

早大坂　幸恭著

地　質　調　査　と　地　質　図

16234-0　C3044　　B5判 120頁 本体3200円

地質調査に必要とされる手法や問題解決を豊富な図表を用いて解説し，地質図を作製する方法および地質図から情報を読み取る方法をまとめた。地質学を学ぶ学生・研究者，地学教育に携わる方々，身近な自然に愛着を感じる地学愛好家に最適

前東大 下鶴大輔著
火 山 の は な し
―災害軽減に向けて―
10175-9 C3040　　A 5 判 176頁 本体2900円

数式はいっさい使わずに火山の生い立ちから火山災害・危機管理まで，噴火予知連での豊富な研究と多くのデータをもとにカラー写真も掲載して2000年の有珠山噴火まで解説した火山の脅威と魅力を解きほぐす"火山との対話"を意図した好著

地質調査総合センター 加藤碵一著
地 震 と 活 断 層 の 科 学
16018-6 C3044　　A 5 判 292頁 本体5800円

地震断層・活断層・第四紀地殻変動を構造地質学の立場から平易に解説。〔内容〕地震・地震断層・活断層の科学／世界の地震・地震断層・活断層（アジア，中近東・アフリカ，ヨーロッパ，北・中アメリカ，南アメリカ・オセアニア）

建築研究所 大橋雄二著
地 震 と 免 震
―耐震の新しいパラダイム―
26010-5 C3051　　A 5 判 272頁 本体3200円

1995年の阪神大震災を契機として評価が高まった免震構造に関する解説書。〔内容〕免震構造とは／免震建設の状況と傾向／免震装置／免震構造の設計・施工／耐震研究と免震構造の開発の歴史／免震構造から見た地震と建築物の振動／他

静岡大 狩野謙一・徳島大 村田明広著
構 造 地 質 学
16237-5 C3044　　B 5 判 308頁 本体5700円

構造地質学の標準的な教科書・参考書。〔内容〕地質構造観察の基礎／地質構造の記載／方位の解析／地殻の変形と応力／地質物質の変形／変形メカニズムと変形相／地質構造の形成過程と形成条件／地質構造の解析とテクトニクス／付録

京大 山路 敦著
理 論 テ ク ト ニ ク ス 入 門
―構造地質学からのアプローチ―
16241-3 C3044　　B 5 判 304頁 本体6200円

構造地質学からテクトニクスに迫る。〔内容〕微小歪みと累積／応力とアイソスタシー／主応力と応力場／応力と歪み／断層／弾性と地殻応力／リソスフェアの弾性／線形流体／粘塑性体／小断層による古地殻応力測定／リソスフェアの動力学／他

東大 瀬野徹三著
プレートテクトニクスの基礎
16029-1 C3044　　A 5 判 200頁 本体4000円

豊富なイラストと設問によって基礎が十分理解できるよう構成。大学初年度学生を主対象とする。〔内容〕なぜプレートテクトニクスなのか／地震のメカニズム／プレート境界過程／プレートの運動学／日本付近のプレート運動と地震

東大 瀬野徹三著
続プレートテクトニクスの基礎
16038-0 C3044　　A 5 判 176頁 本体3800円

『プレートテクトニクスの基礎』に続き，プレート内変形(応力場，活断層のタイプ)，プレート運動の原動力を扱う。〔内容〕プレートに働く力／海洋プレート／スラブ／大陸・弧／プレートテクトニクスとマントル対流／プレート運動の原動力

日大 萩原幸男・大阪短大 糸田千鶴著
地球システムのデータ解析
16040-2 C3044　　A 5 判 168頁 本体3200円

身近な現象のデータを用い，処理法から解析まで平易に解説〔内容〕まずデータを整えよう／入力から出力を知る／サイクルシステムを解く／相関関係を調べる／周期分析をする／フィルタあれこれ／2次元データを処理する／時空間の変化を追う

須鎗和巳・鈴木堯士・岡野健之助・木村 学・波田重煕・坂東祐司著
地 球 科 学 概 論
16012-7 C3044　　A 5 判 184頁 本体3000円

固体地球科学を中心に，自然現象にどのような法則性があるか，なぜそのような現象がおこるのかをわかりやすく解説。〔内容〕地球の物理的性質／地球の構成物質／地殻の変動／ニューグローバルテクトニクス／地球の歴史と古生物

前文化庁 半澤重信著
文 化 財 の 防 災 計 画
―有形文化財・博物館等資料の災害防止対策―
26622-7 C3052　　B 5 判 116頁 本体5800円

本書は有形の文化財すなわち美術品・民俗文化財およびそれらを収納・安置する建造物を盗難や毀損，地震，雷，火災等の災害から守るための技術的な方法を具体的に記述している。〔内容〕防犯計画／防災計画／防震計画／防火計画／他

上記価格（税別）は 2002 年 7 月現在